Vue.js

前端开发入门与实践

姬婧　郑铮◎编著

清华大学出版社

北京

内 容 简 介

目前单页应用框架层出不穷，Vue.js 是其中十分耀眼的项目之一，广受国内外开发人员的推崇。本书讲解 Vue.js 前端框架的基础知识，共分为 12 章，包括 Vue.js 概述和安装、TypeScript 基础、Vue.js 应用实例、Vue.js 组件、Vue.js 模板、Vue.js 计算属性与侦听器、Vue.js 样式、Vue.js 表达式、Vue.js 事件、Vue.js 表单和深入组件等内容，最后还给出一个实战案例供读者系统学习 Vue.js 项目开发过程。

本书既适合 Vue.js 初学者、Web 前端开发人员阅读，也适合高等院校和培训机构的师生参考。

图书在版编目(CIP)数据

Vue.js 前端开发入门与实践/姬婧，郑铮编著. —北京：清华大学出版社，2023.8
ISBN 978-7-302-63963-3

Ⅰ. ①V… Ⅱ. ①姬… ②郑… Ⅲ. ①网页制作工具—程序设计 Ⅳ. ①TP392.092.2

中国国家版本馆 CIP 数据核字(2023)第 117015 号

责任编辑：魏 莹
封面设计：李 坤
责任校对：李玉茹
责任印制：宋 林

出版发行：清华大学出版社
　　　　　网　　　址：http://www.tup.com.cn, http://www.wqbook.com
　　　　　地　　　址：北京清华大学学研大厦 A 座　　　邮　　编：100084
　　　　　社 总 机：010-83470000　　　　　　　　　　邮　　购：010-62786544
　　　　　投稿与读者服务：010-62776969, c-service@tup.tsinghua.edu.cn
　　　　　质量反馈：010-62772015, zhiliang@tup.tsinghua.edu.cn
印 装 者：涿州汇美亿浓印刷有限公司
经　　销：全国新华书店
开　　本：185mm×230mm　　印　　张：17.75　　字　　数：428 千字
版　　次：2023 年 8 月第 1 版　　　　　　印　　次：2023 年 8 月第 1 次印刷
定　　价：89.00 元

产品编号：098392-01

在使用 Vue.js 之前，笔者考察过 Angular、React、Meteor，尽管这几个框架都适合做快速开发，然而它们要么是学习曲线陡峭，概念复杂，把简单的事情复杂化(如 Angular)；要么就是编码风格不好，前后端代码混写在一起(如 React、Meteor)。而 Vue.js 是当今在 stack overflow 等国外技术站点上被一致看好的技术。

第一次使用 Vue.js 就可以发现入门特别快，有一定 Webpack 开发经验的程序员，在一周内就可以上手做项目，认真学习的话，一个月就可以达到熟练水平(快速地开发项目)，两三个月就可以达到高级水平(熟练使用 Vuex，自己写 Component 等)。这么快的上手速度，对于其他语言来说是不可想象的。根据笔者的实际体验，使用 Angular 入门需要一个月，使用 React 入门速度也不是很快。总之，越是简洁的框架，就越容易学。

本书共分 12 章，具体内容如下。

第 1 章讲述了 Vue.js 产生的背景，并将 Vue.js 与 React、Angular 做了比较，使读者对 Vue.js 有基本的认识。

第 2 章讲述了 Vue.js 的开发环境和 Vue.js 应用的创建，以及 Vue.js 的目录结构。

第 3 章介绍了 TypeScript 基础知识，使读者对 TypeScript 有一个基本的认识。

第 4 章介绍了 Vue.js 应用实例的创建、执行和生命周期，以及常用的前端模型。

第 5 章介绍了 Vue.js 组件的基本概念、组件的交互，并以插槽为例进行分析，更有助于读者了解组件。

第 6 章讲述了 Vue.js 模板的基本概念，并以在模板中渲染文本、在模板中使用指令为例进行分析，更有助于读者了解模板。

第 7 章主要介绍了 Vue.js 计算属性和侦听器，通过实例讲解了设置计算属性和侦听器的必要性，更有助于读者了解计算属性和侦听器。

第 8 章主要介绍了 Vue.js 样式，通过实例讲解了 Vue.js 绑定样式和内联样式的方法。

第 9 章主要介绍了 Vue.js 表达式，并以条件表达式和循环表达式为例进行分析，更有助于读者了解 Vue.js 表达式。

第 10 章主要介绍了 Vue.js 事件，讲述了事件的基本概念，并以如何处理原始的 DOM、事件修饰符为例进行分析，更有助于读者了解 Vue.js 事件。

第 11 章主要介绍了 Vue.js 表单，讲述了表单绑定的基本概念，并以表单中的文本、单选按钮、复选框和选择框为例进行讲解，更有助于读者了解 Vue.js 表单。

第 12 章深入介绍了 Vue.js 组件，讲述了组件注册的基本概念，并以全局注册、局部注册和输入属性为例进行分析，更有助于读者了解组件。

本书不仅融入了作者丰富的工作经验和多年的使用心得，还提供了大量来自工作现场的实例，具有较强的实用性和可操作性。读者系统学习后可以掌握 Vue.js 前端框架的基础知识，拥有全面编写框架的编程能力、优良的团队协同技能和丰富的项目实战经验。编写本书的目的就是让框架初学者快速成长为合格的中级程序员，通过演练积累项目开发经验和团队合作技能，在未来的职场中获取一个较高的起点，并能迅速融入软件开发团队中。

本书由唐山师范学院的姬婧、郑铮两位老师共同编写，其中，第 1 章至第 8 章由姬婧老师编写，第 9 章至第 12 章由郑铮老师编写。

由于编者水平有限，书中难免存在不足和疏漏之处，敬请广大读者批评、指正。

编　者

目录

第 1 章　理解 Vue.js 及其产生的背景 1

1.1　什么是 Vue.js 2
  1.1.1　为什么使用 Vue.js 2
  1.1.2　Vue.js 的主要特点 3
  1.1.3　Vue.js 的优势 4

1.2　Vue.js 产生的背景 4
  1.2.1　传统的前端开发模式 5
  1.2.2　Vue.js 的开发模式 5
  1.2.3　Vue.js 与 jQuery 的区别 7
  1.2.4　Vue.js 与 React、Angular 的
    比较 8
  1.2.5　如何选择 Angular、React
    和 Vue.js 11

1.3　如何学习 Vue.js 12
  1.3.1　知识储备 12
  1.3.2　学习安排 17

1.4　小结 18

第 2 章　快速开启 一个 Vue.js 应用 19

2.1　开发环境准备 20
  2.1.1　安装 Node.js 20
  2.1.2　设置 NPM 镜像 21
  2.1.3　选择合适的 IDE 22
  2.1.4　安装 Vue CLI 29
  2.1.5　检查和调试 Vue.js 应用的
    工具——Vue Devtools 30

2.2　创建 Vue.js 应用 hello-world 32

  2.2.1　利用 Vue CLI 初始化 Vue.js
    应用 hello-world 32
  2.2.2　运行 Vue.js 应用 hello-world.... 33

2.3　探索 Vue.js 应用 35
  2.3.1　整体项目结构 35
  2.3.2　项目根目录文件 35
  2.3.3　node_modules 目录 36
  2.3.4　public 目录 37
  2.3.5　src 目录 37

2.4　在 Vue.js 应用中使用 TypeScript 38
  2.4.1　基于 Vue 3 Preview 创建
    项目 38
  2.4.2　基于 Manually select features
    创建项目 39
  2.4.3　TypeScript 与 JavaScript 应用的
    差异 43

2.5　小结 44

第 3 章　TypeScript 基础 45

3.1　TypeScript 概述 46
  3.1.1　TypeScript 与 JavaScript、
    ECMAScript 的关系 46
  3.1.2　TypeScript 与 Vue.js 的关系 47
  3.1.3　使用 TypeScript 的优势 48
  3.1.4　安装 TypeScript 49
  3.1.5　TypeScript 代码的编译
    及运行 49

3.2　常量与变量 51
　　3.2.1　const、let、var 三者的
　　　　　 作用域 52
　　3.2.2　常量与变量的区别 54
　　3.2.3　变量提升 55
3.3　TypeScript 数据类型 64
　　3.3.1　基本类型 65
　　3.3.2　复杂基础类型 71
　　3.3.3　对象类型 74
　　3.3.4　任意类型 75
　　3.3.5　联合类型 75
　　3.3.6　交集类型 76
3.4　强大的面向对象体系 76
　　3.4.1　类 77
　　3.4.2　接口 78
　　3.4.3　演示接口的使用 78
　　3.4.4　泛型 79
　　3.4.5　演示泛型的使用 79
3.5　TypeScript 的命名空间 80
　　3.5.1　声明命名空间 80
　　3.5.2　命名空间体 80
　　3.5.3　导入声明 81
　　3.5.4　导出声明 81
　　3.5.5　合并声明 82
3.6　TypeScript 模块 86
　　3.6.1　了解模块 86
　　3.6.2　导入声明 87
　　3.6.3　导入 Require 声明 87
　　3.6.4　导出声明 88
　　3.6.5　导出分配 88
　　3.6.6　了解 CommonJS 模块 89
　　3.6.7　了解 AMD 模式 91

3.7　装饰器 91
　　3.7.1　定义装饰器 91
　　3.7.2　了解装饰器的执行时机 ... 91
　　3.7.3　认识 4 类装饰器 93
3.8　小结 93

第 4 章　Vue.js 应用实例 95
4.1　创建应用实例 96
　　4.1.1　一个应用实例 97
　　4.1.2　让应用实例执行方法 98
　　4.1.3　理解选项对象 99
　　4.1.4　理解根组件 102
　　4.1.5　理解 MVC 模型 104
　　4.1.6　理解 MVP 模型 105
　　4.1.7　理解 MVVM 模型 106
4.2　data property 与 data methods ... 107
　　4.2.1　理解 data property 107
　　4.2.2　理解 data methods 108
4.3　Vue.js 的生命周期 110
　　4.3.1　生命周期中的钩子函数 ... 110
　　4.3.2　生命周期的图示 111
　　4.3.3　生命周期钩子函数的实例 ... 112
4.4　小结 114

第 5 章　Vue.js 组件 115
5.1　组件的基本概念 116
　　5.1.1　创建和注册组件的基本
　　　　　 步骤 116
　　5.1.2　理解组件的创建和注册 ... 117
　　5.1.3　父组件和子组件 118
　　5.1.4　DOM 模板解析注意事项 ... 119
　　5.1.5　data 必须是函数 122

5.1.6　组件组合 124

5.1.7　组件注册 124

5.2　组件通信 126

5.2.1　父组件与子组件通信............126

5.2.2　子组件与父组件通信............129

5.2.3　子组件之间的通信................130

5.2.4　通过插槽分发内容................130

5.3　特殊情况 133

5.4　让组件可以动态加载 136

5.5　使用 keep-alive 缓存组件 137

5.6　小结 139

第 6 章　Vue.js 模板 141

6.1　在模板中使用插值 142

6.1.1　文本 142

6.1.2　原生 HTML 代码 143

6.1.3　绑定 HTML 属性 145

6.1.4　JavaScript 表达式 146

6.2　在模板中使用指令 148

6.2.1　理解指令中的参数................148

6.2.2　理解指令中的动态参数........161

6.2.3　理解指令中的修饰符............163

6.3　在模板中使用指令的缩写 164

6.3.1　使用 v-bind 指令的缩写......165

6.3.2　使用 v-on 指令的缩写 166

6.4　综合实例 167

6.5　小结 172

第 7 章　Vue.js 计算属性与侦听器 173

7.1　通过实例理解“计算属性”的
　　　必要性 174

7.2　声明“计算属性” 176

7.3　“计算属性”缓存与方法的关系 177

7.4　计算属性的注意事项 178

7.4.1　计算函数不应有副作用 178

7.4.2　避免直接修改计算属性值 178

7.4.3　计算属性无法追踪非响应式
　　　　依赖 178

7.5　为什么需要侦听器 179

7.5.1　理解侦听器 179

7.5.2　一个侦听器的实例 181

7.6　综合实例 183

7.7　小结 187

第 8 章　Vue.js 样式 189

8.1　绑定样式 class 190

8.1.1　在 class 中绑定字符串 190

8.1.2　在 class 中绑定对象 191

8.1.3　在 class 中绑定数组 192

8.2　绑定内联样式 193

8.2.1　在内联样式中绑定对象 193

8.2.2　在内联样式中绑定数组 194

8.2.3　在内联样式中绑定多重值 195

8.3　综合实例 196

8.4　小结 198

第 9 章　Vue.js 表达式 199

9.1　Vue 表达式的优点 200

9.2　条件表达式 200

9.2.1　v-if 指令的实例 201

9.2.2　v-else 指令的实例 203

9.2.3　v-else-if 指令的实例..............204

9.2.4　v-show 指令的实例 206

9.2.5　理解 v-if 指令与 v-show 指令的
　　　　关系 207

9.3 for 循环表达式 209

　9.3.1 使用 v-for 指令遍历数组........209

　9.3.2 使用 v-for 指令遍历数组设置
　　　　索引 211

　9.3.3 使用 v-for 指令遍历对象的
　　　　property 名称 212

　9.3.4 数组过滤 213

　9.3.5 使用值的范围 214

9.4 v-for 指令的不同使用场景 214

　9.4.1 在<template>中使用 v-for
　　　　指令 214

　9.4.2 v-for 指令与 v-if 指令一起
　　　　使用 215

　9.4.3 在组件上使用 v-for 指令........216

9.5 综合实例 218

9.6 小结 222

第 10 章　Vue.js 事件 223

10.1 什么是事件 224

　10.1.1 一个简单的监听事件实例.....224

　10.1.2 处理原始的 DOM 事件 225

　10.1.3 为什么需要在 HTML 代码中
　　　　 监听事件 228

10.2 多事件处理器的实例 228

10.3 小结 231

第 11 章　Vue.js 表单 233

11.1 理解"表单输入绑定" 234

11.2 "表单输入绑定"的基础用法 235

　11.2.1 文本 235

　11.2.2 多行文本 236

　11.2.3 复选框 237

　11.2.4 单选按钮 239

　11.2.5 选择框 240

11.3 表单修饰符的使用 241

　11.3.1 使用.lazy 修饰符的实例 242

　11.3.2 使用.number 修饰符的
　　　　 实例 242

　11.3.3 使用.trim 修饰符的实例 244

11.4 综合实例 245

11.5 小结 250

第 12 章　深入组件 251

12.1 什么是组件注册 252

12.2 全局注册的实现 252

12.3 局部注册的实现 256

12.4 深入介绍 props(输入属性)..............260

　12.4.1 props 声明 260

　12.4.2 props 名字格式 261

　12.4.3 传递不同的值类型 262

　12.4.4 props 校验 264

　12.4.5 运行时类型检查 266

12.5 综合实例 267

12.6 小结 274

ion at the end -add back the deselected mirror modifier object
or_ob.select= 1
fier_ob.select=1
context.scene.objects.active = modifier_ob
t("Selected" + str(modifier_ob)) # modifier ob is the active ob
#mirror_ob.select = 0
= bpy.context.selected_objects[0]
.data.objects[one.name].select = 1

print("please select exactly two objects, the last one gets the modifier

--- OPERATOR CLASSES ----

.types.Operator):
 an X mirror to the selected object
object.mirror_mirror_x
Mirror X"

第 1 章

理解 Vue.js 及其产生的背景

Vue.js 是一套响应式系统、前端开发库。Vue 自问世以来，所受关注度不断提高，在当前的市场上，Vue 是非常流行的 JavaScript 技术开发框架之一。本章将对什么是 Vue.js、Vue.js 产生的背景及如何学习 Vue.js 等内容进行介绍。

1.1 什么是 Vue.js

在介绍 Vue 之前,我们先来简单介绍一下它的作者——尤雨溪(Evan You),以及它的由来。尤雨溪是一位美籍华人,在上海复旦大学附中读完高中后,在美国完成大学学业,本科毕业于科尔盖特大学(Colgate University),后在帕森斯设计学院(Parsons School of Design)获得设计与科技(Design & Technology)艺术硕士学位。他是 Vue Technology LLC 创始人,曾经在谷歌创意实验室(Google Creative Lab)就职,参与过多个项目的界面原型研发,后加入 Meteor,参与 Meteor 框架本身的维护和 Meteor Galaxy 平台的交互设计与前端开发。

2014 年 2 月,尤雨溪开源了一个前端开发库 Vue.js。Vue.js 是构建 Web 界面的 JavaScript 库,也是一个通过简洁的 API 提供高效数据绑定和灵活组件的系统。2016 年 9 月 3 日,在南京的 JSConf 上,尤雨溪正式宣布以技术顾问的身份加盟阿里巴巴 Weex 团队,来做 Vue 和 Weex 的 JavaScript runtime 整合,目标是让大家能用 Vue 的语法跨三端。目前,他全职投入 Vue.js 的开发与维护,立志将 Vue.js 打造成与 Angular/React 平起平坐的世界顶级框架。

我们也可以说 Vue.js 是一套响应式系统(reactivity system)。数据模型层(model)只是普通的 JavaScript 对象,如图 1-1 所示,"data"代表一个 JavaScript 对象,修改它则更新相应的 HTML 片段(DOM),这些 HTML 片段也称为"视图"(view)。这会让状态管理变得非常简单且直观,可实现数据的双向绑定,因此,我们也称其为响应式系统。

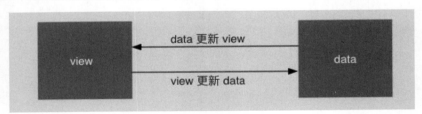

图 1-1　Vue.js 双向绑定

1.1.1　为什么使用 Vue.js

我们都知道完整的网页是由 DOM 组合与嵌套形成最基本的视图结构,再加上 CSS 样式的修饰,使用 JavaScript 接受用户的交互请求,并通过事件机制来响应用户交互操作而形成的。最基本的视图结构即视图层,这个被称为视图层的部分就是 Vue.js 核心库关注的部分。为什么关注它呢?因为一些页面元素非常多,结构庞大的网页如果使用传统开发方式,数据和视图会全部混合在 HTML 中，处理起来十分不易，而且结构之间还存在依赖或依存关系，代码就会出现更多问题。有前端开发基础的读者都基本了解 jQuery，jQuery 提供了简洁的语法和跨平台的兼容性，极大地简化了 JavaScript 开发人员遍历 HTML 文档、解析 DOM、进行事件处理等的操作。

用过 jQuery 的读者都有体会，开始时页面元素不多，有时会需要一层层地不断向上寻找父辈元素，如$('#xxx').parent().parent()，但后期修改页面结构时，代码可能就会变得臃肿，如$('#xxx').parent().parent().parent()，随着产品升级的速度越来越快，修改的工作量变得越来越大，页面中相似的关联和嵌套 DOM 元素多得数不清，而 jQuery 选择器及 DOM 操作本身也存在性能缺失问题，想要修改无从下手。原本轻巧简洁的 jQuery 代码，在产品需求面前变得特别冗长。

但是 Vue.js 解决了这些问题，这些问题将在 Vue.js 中消失。

1.1.2　Vue.js 的主要特点

Vue.js 是一个优秀的前端界面开发 JavaScript 库，之所以非常火，是因为它有众多突出的特点，其中主要的特点有以下几个。

1. 轻量级的框架

Vue.js 能够自动追踪依赖的模板表达式和计算属性，并提供 MVVM 数据绑定和一个可组合的组件系统，具有简单、灵活的 API，使读者更加容易理解。

2. 双向数据绑定

声明式渲染是数据双向绑定的主要体现，同样也是 Vue.js 的核心，它允许采用简洁的模板语法将数据以声明式渲染整合进 DOM。

3. 指令

Vue.js 与页面进行交互，主要通过内置指令来完成。指令的作用是当表达式的值改变时，相应地将某些行为应用到 DOM 上。

4. 组件化

组件(component)是 Vue.js 最强大的功能之一。组件可以扩展 HTML 元素，封装可重用的代码。在 Vue.js 中，父子组件通过 props 通信，从父组件向子组件单向传递。子组件与父组件通信，通过触发事件通知父组件改变数据。这样就形成了一个基本的父子通信模式。

在开发中，当组件和 HTML、JavaScript 等有非常紧密的关系时，可以根据实际的需要自定义组件，使开发变得更加便利，并大量减少代码编写量。组件还支持热重载(hot-reload)。当我们做了修改时，不会刷新页面，只是对组件本身进行立刻重载，不会影响整个应用当前的状态。CSS 也支持热重载。

5. 客户端路由

Vue-router 是 Vue.js 官方的路由插件，与 Vue.js 深度集成，用于构建单页面应用。Vue.js 单页面应用是基于路由和组件的，路由用于设定访问路径，并将路径和组件映射起来，传统的页面通过超链接实现页面的切换和跳转。

6. 状态管理

状态管理实际就是一个单向的数据流，状态驱动视图的渲染，而用户对视图进行操作产生动作，使状态产生变化，从而使视图重新渲染，形成一个单独的组件。

最新发布的 Vue 3.3，针对开发者体验进行了改进，特别是在使用 TypeScript 时的 SFC <script setup>，同时与 Vue 语言工具(以前称为 Volar)的发布相结合。

1.1.3　Vue.js 的优势

Vue.js 与其他框架相比有什么优势呢？上面我们已经提到了 jQuery，还有其他的前端框架，如 React、Angular 等。相比较而言，Vue.js 最为轻量化，而且已经形成了一套完整的生态系统，可以快速迭代更新，是前端开发人员的首选入门框架，Vue.js 有很多优势。

(1) Vue.js 可以进行组件化开发，使代码编写量大大减少，读者更加易于理解。

(2) Vue.js 最突出的优势在于，可以对数据进行双向绑定(在后面的编写中我们会明显地感觉到这个特点的便捷性)。

(3) 使用 Vue.js 编写的界面效果本身就是响应式的，这使网页在各种设备上都能显示出非常好看的效果。

(4) 相比传统的页面通过超链接实现页面的切换和跳转，Vue.js 使用路由不会刷新页面。

1.2　Vue.js 产生的背景

Vue.js 是一套构建用户界面的渐进式框架。与其他重量级框架不同的是，Vue.js 采用自底向上增量开发的设计。Vue.js 的核心库只关注视图层，并且非常容易学习，方便与其他库或已有项目整合。另外，Vue.js 完全有能力驱动采用单文件组件和 Vue.js 生态系统支持的库开发的复杂单页应用。Vue.js 的目标是通过尽可能简单的 API 实现响应的数据绑定和组合的视图组件。

1.2.1　传统的前端开发模式

前端技术在近几年发展迅速，如今的前端开发已不再是十年前写个 HTML CSS 那样简单了，新的概念层出不穷，比如 ECMAScript Node.js NPM、前端工程化等。这些新概念在不断优化我们的开发模式，改变我们的编程思想。

随着这些技术的普及，一套可称为"万金油"的技术已被许多商业项目用于生产环境：jQuery + RequireJS (SeaJS) + artTemplate (doT) + Gulp (Grunt)

这套技术以 jQuery 为核心，能兼容绝大部分浏览器，这是很多企业比较关心的，因为它们的客户很可能还在用 IE Ⅱ及以下浏览器。使用 RequireJS(SeaJS)进行模块化开发可以解决代码依赖混乱的问题，同时便于维护及团队协作。使用轻量级的前端模板(如 doT)可以将数据与 HTML 模板分离。最后，使用自动化构建工具(如 Gulp)可以合并压缩代码，如果你喜欢写 Less Sass 以及现在流行的 ES 6，也可以帮你进行预编译。

这套看似完美无瑕的前端解决方案就构成了我们所说的传统前端开发模式，由于它具有简洁、高效、实用等特点，至今仍有不少开发者在使用。不过随着项目的扩大和时间的推移，出现了更复杂的业务场景，比如 SPA(单页面富应用)组件等。为了提升开发效率，降低维护成本，传统的前端开发模式已不能满足我们的需求，这时就出现了如 Angular、React 及我们要介绍的主角 Vue.js。

1.2.2　Vue.js 的开发模式

根据项目需求，可以选择从不同的维度来使用 JavaScript 框架。如果只是想体验 Vue.js 带来的快感，或者开发几个简单的 HTML 页面或小应用，可以直接通过 Script 代码加载 CDN 文件，例如：

```html
<!DOCTYPE html>
<html lang="en">

<head>
    <meta charset="UTF-8">
    <meta http-equiv="X-UA-Compatible" content="IE=edge">
    <meta name="viewport" content="width=device-width, initial-scale=1.0">
```

```html
    <title>vue 示例</title>
        <script src="../js/vue.global.min.js"></script>

</head>

<body>

    <div id="vueImpl">
        <ul>
            <li v-for="page in book">{{ page.name }}</li>
        </ul>
    </div>
    <script>
        const app = Vue.createApp({
            data() {
                return {
                    book: [{
                        "name": "理解 Vue.js 及产生的背景"
                    }, {
                        "name": "快速开启一个 Vue.js 应用"
                    }]
                }
            }
        })
        app.mount('#vueImpl')
    </script>
</body>
</html>
```

在浏览器中访问上述代码，可以将本书的章节列表循环显示出来，如图 1-2 所示。

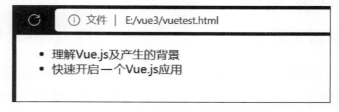

图 1-2　Vue.js 示例在浏览器中访问的效果

对于一些业务逻辑复杂并对前端工程有要求的项目，可以结合 Webpack 使用 Vue 单文件的形式，并且还会用到 Vue-router 来管理路由。这里提到的很多内容目前读者还不必过多了解，只是说明 Vue 框架的开发模式多样化，后续章节会详细介绍，到时读者就会对整个 Vue 生态有更详细的了解了。

框架呈现最新的视图。

Vue 的模板语法将可识别的 HTML 与特殊的指令和功能相结合，允许开发人员创建 View 组件。

现在 Vue 中的组件是小巧、自成一体和可复用的。单文件组件(SFC)使用扩展名 .vue，包含 HTML、JavaScript 和 CSS，所有相关代码都存放在同一个文件中。

在大型的 Vue.js 项目中，我们通常推荐使用 SFC 来组织代码。要将 SFC 移植到工作的 JavaScript 代码中，需要 Webpack 或 Browserify 这样的构建工具。

2. 适用目标和范围

❖ **Angular**

Angular 比较适合大型和高级项目，可能包括但不限于：

- 开发渐进式 Web 应用程序(PWA)。
- 重新设计网站应用程序。
- 建立基于内容的动态网页。
- 创建有着复杂基础架构的大型企业应用程序。

❖ **React**

React 是一种以构建复杂的业务应用程序而闻名的技术架构。当将它与 Redux、MobX 或其他 Flux 模式的状态管理库一起使用时，React 就能够成为强大的工具。React 比较适合以下项目：

- 涉及包含导航项、折叠或展开的手风琴分节、可用或不可用状态、动态输入、可用或不可用按钮、用户登录、用户访问权限等许多组件的应用程序。
- 具有扩展和增长可能的项目，因为 React 组件具有声明性，所以它可以轻松处理此类复杂结构。
- 当 UI 是网络应用程序中心的项目。

❖ **Vue**

因为 Vue 简单易学，所以比较适合解决短期的、小型的问题。它可以轻松地与现有代码块集成。以下情况可能需要 Vue：

- 带有动画或交互式元素的 Web 应用程序的开发项目。
- 无须高级技能即可进行原型制作。
- 需要与多个其他应用程序无缝集成的应用程序。
- 更早推出 MVP。

3. 性能和开发

❖ **Angular**

Angular 在性能方面的一些亮点包括：

- 有无缝的第三方集成，可以增强产品或应用程序的功能。
- 可提供强大的组件集合，从而简化了编写、更改和使用代码的过程。
- Angular 的"提前编译器"赋予了应用程序更快的加载时间和更高的安全性。
- MVC 模型通过允许视图分离来帮助减少后台查询。
- 促进组件解耦依赖性引入的外部元素，从而为可复用性、简化管理及测试铺平道路。
- 通过将任务分成逻辑块来减少网页的初始加载时间。
- 可以完全自定义地设计。
- 便于将 HTML 和 TypeScript 编译为 JavaScript —— 这大大加快了代码的编译速度，并在浏览器开始加载 Web 应用程序之前就开始编译。

❖ **React**

因为两者具有相同的架构，所以在性能方面 React 与 Vue 不相上下。React 开发 Web 的优势如下：

- 支持打包和树摇优化(tree-shaking) —— 这对于减少最终用户的资源负载至关重要。
- 由于提供了单向数据绑定支持，所以可以更好地控制项目。
- 便于进行测试和监控管理。
- 最适合需要频繁更改的复杂应用程序。

❖ **Vue**

最贴切的形容 Vue 的词组是"令人难以置信的快速"。它的一些性能优势是：

- 更快的学习曲线。
- 单页应用程序高效、精密。
- 高级功能使它具有多功能性。

4. 各自的优点

❖ **Angular**

- 有模板、表单、引导程序或架构、组件以及组件之间交互的完整的文档。
- 平滑的双向数据绑定。
- MVC 架构。

- 内置模块系统。
- 大大减少了网页的初始加载时间。
- 使用 Angular 构建的流行应用程序有 Youtube TV、PayPal、Gmail、Forbes、Google Cloud。

❖ **React**
- 通过模块化的结构使其拥有灵活的代码，节省了时间和成本。
- 助力复杂应用程序高性能的实现。
- 使用 React 前端开发能够更容易地进行代码维护。
- 支持适用于 Android 和 iOS 平台的移动端原生应用程序。
- 使用 React 构建的流行应用程序有 Tesla、AirBnB、CNN、Nike、Udemy、Linked-in。

❖ **Vue**
- 体积小巧，便于安装和下载。
- 倘若正确利用，就可以在多处重用 Vue。
- Vue.js 允许更新网页中的元素，而无须渲染整个 DOM，因为它是虚拟的 DOM。
- 需要较少的优化。
- 加速 Web 应用程序的开发，并允许将模板虚拟到 DOM，与编译器分开。
- 拥有经过验证的兼容性和灵活性。
- 不管应用程序的规模如何，代码库都不会变。

1.2.5　如何选择 Angular、React 和 Vue.js

❖ **Angular**

Angular 是成熟的框架之一，拥有优秀的贡献者和确保应用程序开发的完整包。但是，它需要深入学习并创建观察者来查看更新，这可能会让新的应用程序开发人员望而却步。总而言之，对于需要开发大规模应用程序的公司来说，Angular 是一个理想的选择。

❖ **React**

React 现在已经有多年的历史了，它已获得全球认可，是前端开发的不错选择。它非常适合希望创建单页面应用程序(Single Page Application，SPA)的公司。

❖ **Vue**

Vue 是一个年轻的库，虽然没有任何大公司的支持，但仍被认为是 Angular 和 React 的强大竞争对手。由于其具有灵活性和易用性，Vue 已成为众多行业巨头的选择。

1.3　如何学习 Vue.js

Vue.js 是一套用于构建用户界面的渐进式框架，主要用于快速地构建前端界面，与其他大型的前端框架不同，Vue.js 可以自底向上逐层应用。

相比 Angular.js，Vue.js 的核心库只关注视图层，不仅易于上手，还便于与第三方库或既有项目整合，是初创项目的前端首选框架。当与现代化的工具链以及各种支持类库结合使用时，Vue.js 也完全能够为复杂的单页应用提供支持。

Vue.js 是一个用于构建用户界面的前端库，本身就具有响应式编程和组件化的诸多优点。所谓响应式编程，就是一种面向数据流和变化传播的编程范式，可以在编程时很方便地表达静态或动态的数据流，而相关的计算模型会自动将变化的值通过数据流进行传播。

响应式编程在前端开发中得到了大量的应用，在大多数前端 MVX 框架中都可以看到它的影子。相较于 Angular.js 和 React.js，Vue.js 并没有引入太多的新概念，只是对已有的概念进行了精简。并且 Vue.js 很好地借鉴了 React.js 的组件化思想，应用开发起来更加容易，真正实现了模块化开发的目的。

Vue.js 一直以轻量级、易上手而被人们称道。MVVM 的开发模式也使前端开发从传统的 DOM 操作中释放出来，开发者不需要再把时间浪费在视图和数据的维护上，只需要关注数据的变化即可。并且 Vue 的渲染层基于轻量级的 Virtual-DOM 实现，在大多数的场景下，初始化速度和内存效率都提高了 2～4 倍。目前，越来越多的移动客户端也开始支持使用 Vue.js 进行开发，可以坚信，未来使用 Vue.js 打造三端一致的 Native 应用将变成可能。

作为一个新兴的前端框架，Vue.js 大量借鉴和参考了 Angular.js 和 React.js 等优秀的前端框架。而在版本支持上，Vue.js 放弃了对 IE 8 的支持，对移动端的支持也有一定的要求，也就是说，使用 Vue.js 进行移动跨平台开发时，需要 Android 4.2+和 iOS 7+支持。

1.3.1　知识储备

1. JavaScript 与 Web 基础

Vue.js 作为一个用于构建 Web 用户界面的 JavaScript 框架，在开始使用之前，必须了解 JavaScript 和 Web 开发的基础知识，并且还需要掌握 Vue.js 生态系统的一些核心知识，包括 Vue.js 核心库、Vue Router 和 Vuex。

2. Vue.js 核心功能

从根本上说，Vue.js 就是一个用于同步网页的 JavaScript 技术框架，其关键特性是反应式(reactive)数据，以及指令和插值等模板功能。

要构建一个 Vue.js 应用程序，还需要知道如何在网页中安装 Vue.js，并了解 Vue.js 实例的生命周期等知识。

3. 组件

Vue.js 组件是独立的可重用 UI 元素。因此，需要了解如何声明组件，以及如何通过 prop 和 event 在组件之间发生交互。

了解如何组合组件也很重要，因为这对使用 Vue.js 构建健壮、可伸缩的应用程序来说至关重要。

4. 单页面应用程序

单页面应用程序(SPA)架构通过单个网页实现传统多页面网站一样的功能，而且不会在每次用户触发导航时重新加载和重建页面。

Vue Router 是一个用于构建 SPA 的工具，由 Vue.js 团队维护，在将"页面"构建为 Vue.js 组件之后，就可以使用 Vue Router 将每个"页面"映射到一个唯一的路径。

5. 状态管理

随着应用程序变得越来越大，项目变得越来越复杂，SPA 页面中会有很多组件，管理全局状态变得异常困难，而且随着 prop 和 event 监听器的增加，组件变得越来越臃肿。

由 Vue.js 团队维护的 Vuex 库可以帮助用户在 Vue.js 应用程序中实现 Flux。通过 Flux 模式，可以将数据保存在可预测且稳定的中央存储中。

6. 软件选择

1) VS Code

VS Code(Visual Studio Code)(见图 1-3)是微软公司推出的一款轻量级代码编辑器，免费而且功能强大，对 JavaScript 和 Node.js 的支持非常好，自带很多功能，例如代码格式化、代码智能提示补全、Emmet 插件等。VS Code 推荐以文件夹的方式打开项目。

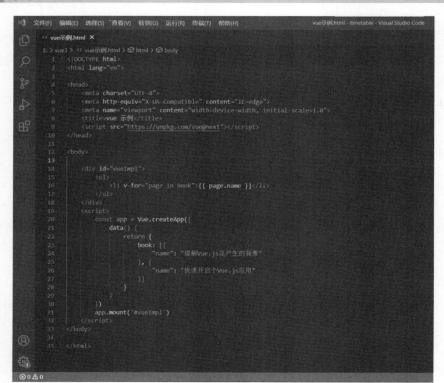

图 1-3　VS Code 软件界面

注意：想开发 Vue 还需要下载插件。

2）WebStorm

WebStorm(见图 1-4)是 JetBrains 公司旗下的一款 JavaScript 开发工具，已经被中国广大 JS 开发者誉为"Web 前端开发神器""最强大的 HTML 5 编辑器""最智能的 JavaScript IDE"等。WebStorm 与 IntelliJ IDEA 同源，继承了 IntelliJ IDEA 强大的 JS 部分的功能。

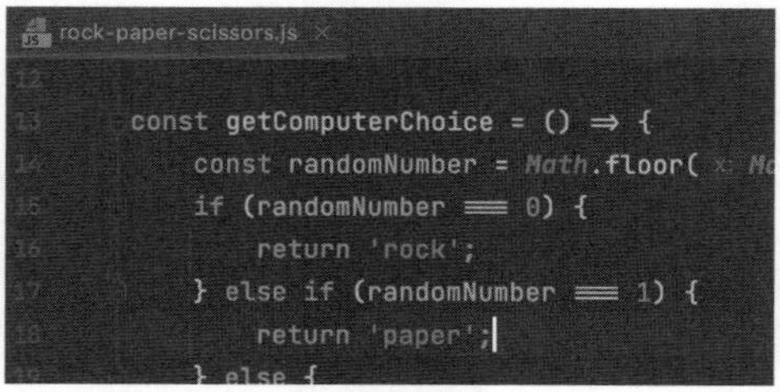

图 1-4　WebStorm 软件界面

3) Sublime Text

Sublime Text(见图 1-5)是一个文本编辑器(收费软件，可以无限期试用，但是有激活提示弹窗)，同时也是一款先进的代码编辑器。Sublime Text 由程序员 Jon Skinner 于 2008 年 1 月开发，最初被设计为一个具有丰富扩展功能的文本编辑器。

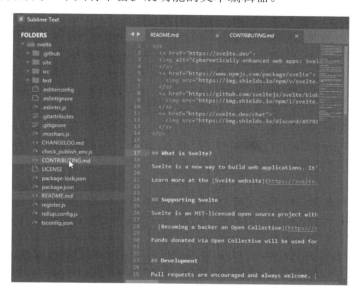

图 1-5　Sublime Text 软件界面

Sublime Text 具有漂亮的用户界面和强大的功能，例如代码缩略图、Python 的插件、代码段等，还可自定义键绑定、菜单和工具栏。Sublime Text 的主要功能包括拼写检查、书签、完整的 Python API、Goto、即时项目切换、多选择、多窗口等。Sublime Text 是一款跨平台的编辑器，可以同时支持 Windows、Linux、Mac OS X 等操作系统。

Sublime Text 支持多种编程语言的语法高亮显示，拥有优秀的代码自动完成功能，还拥有代码片段(Snippet)的功能，可以将常用的代码片段保存起来，在需要时随时调用；支持 Vim 模式，可以使用 Vim 模式下的多数命令；支持宏，简单地说，宏就是把操作录制下来或者自己编写命令，然后播放刚才录制的操作或者命令。

4) HBuilder

HBuilder(见图 1-6)是 DCloud(数字天堂)公司推出的一款支持 HTML 5 的 Web 开发 IDE。HBuilder 的编写用到了 Java、C、Web 和 Ruby 语言。HBuilder 本身主体是用 Java 编写的。它基于 Eclipse，因此，顺其自然地兼容了 Eclipse 的插件。

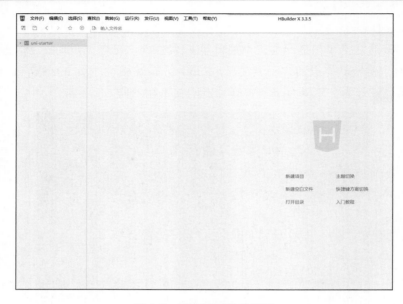

图 1-6　HBuilder 软件界面

5）Atom

Atom(见图 1-7)是 GitHub 专门为程序员推出的一款跨平台文本编辑器，具有简洁和直观的图形用户界面，并有很多有趣的特点，支持 CSS、HTML、JavaScript 等网页编程语言。Atom 支持宏，可自动完成分屏功能，集成了文件管理器。

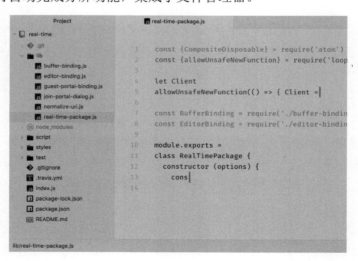

图 1-7　Atom 软件界面

1.3.2　学习安排

1. 起步

(1) 扎实的 JavaScript / HTML / CSS 基本功，是学习 Vue.js 必要的条件。

(2) 通读官方教程(guide)的基础篇。不要用任何构建工具，就只用最简单的<script>，把教程里的例子模仿一遍，理解用法。不推荐上来就直接用 vue-cli 构建项目，尤其是没有 Node/Webpack 基础的话。

(3) 仿照官网上的示例，模仿着实现来练手，加深理解。

(4) 阅读官方教程进阶篇的前半部分，到"自定义指令"(Custom Directive)为止。着重理解 Vue.js 的响应式机制和组件生命周期。如果对"渲染函数"(Render Function)理解吃力，可以先跳过。

(5) 阅读教程里关于路由和状态管理的章节，然后根据需要学习 Vue-router 和 Vuex。同样，先不要管构建工具，以通过文档里的例子理解用法为主。

(6) 阅读完基础文档后，如果对于基于 Node 的前端工程化不熟悉，就需要补课了。

2. 前端生态/工程化

(1) 了解 JavaScript 背后的规范、ECMAScript 的历史和目前的规范制定方式。学习 ES 2015/16 的新特性，理解 ES 2015 Modules，适当关注还未成为标准的提案。

(2) 学习命令行的使用，建议用 Mac。

(3) 学习 Node.js 基础。建议使用 nvm 这样的工具来管理机器上的 Node 版本，并且将 npm 的 registry 注册表配置为淘宝的镜像源。至少要了解 npm 的常用命令、npm scripts 如何使用、语义化版本号规则、CommonJS 模块规范(了解它和 ES 2015 Modules 的异同)、Node 包的解析规则，以及 Node 的常用 API。应当做到可以自己写一些基本的命令行程序。注意，最新版本的 Node(6+)已经支持 ES 2015 的绝大部分特性，可以借此学习巩固 ES 2015。

(4) 为了兼容浏览器环境，需了解如何配置 Babel，以及将 ES 2015 编译到 ES 5。

(5) 学习 Webpack。Webpack 是一款极其强大同时也很复杂的工具，作为起步，理解它的"一切皆模块"的思想，并基本了解其常用配置选项和 loader 的概念及使用方法。比如，如何搭配 Webpack 以使用 Babel。学习 Webpack 是一个挑战，原因在于其本身文档比较混乱，建议多搜索，应该有质量不错的第三方教程。英文好的建议阅读 Webpack 2.0 的文档，比起 1.0 已有极大的改善，但需要注意其与 1.0 的不同之处。

3. Vue 进阶

(1) 有了 Node 和 Webpack 的基础,就可以通过 vue-cli 来搭建基于 Webpack 并且支持单文件组件的项目了。建议从 webpack-simple 这个模板开始,并阅读官方教程进阶篇剩余的内容以及 vue-loader 的文档,了解一些进阶配置。有兴趣的读者可以自己动手从零开始搭建一个项目以加深理解。

(2) 根据例子,可尝试在 Webpack 模板的基础上整合 Vue-router 和 Vuex。

(3) 深入理解 Virtual DOM 和"渲染函数"(Render Functions)(可选择性地使用 JSX),理解模板和渲染函数之间的对应关系,了解其使用方法和适用场景。

(4) 根据需求,了解服务端渲染的使用(需要配合 Node 服务器开发的知识)。其实,更重要的是理解它所解决的问题,并搞清楚自己是否需要它。

(5) 阅读开源的 Vue 应用、组件、插件源码,自己尝试编写 Vue 组件、插件。

(6) 参考指南阅读 Vue 源码,理解内部实现细节。

1.4 小结

在本章中,我们对 Vue.js 的产生背景和优势做了一个比较详细的讲解,也对 Vue.js 和传统的开发模式做了区分和比较,了解它们的不同之处也是比较重要的,这会让我们加深对 Vue.js 的了解。软件选择是程序员编写代码很重要的一部分,在日常开发中都会用到,本章推荐了 5 种不同的 IDE,后续将会使用 VS Code 来讲解。本章对学习路径从起步到进阶都做了介绍,将这些知识点融会贯通,可方便后续学习,开发出真正可以使用的网页,这也是学习的目的。

第 2 章

快速开启
一个 Vue.js 应用

简单来说，Vue.js 是一个应用框架，像 Java 中的 Spring 系列一样，能给我们提供简洁高效的语法，能够高效且优质地协助我们完成一个前端项目；同时，由于它是一个轻量级框架，我们只需要引入一个 vue.js 就可以使用它的语法了。

2.1　开发环境准备

开发环境包括硬件环境和软件环境。本节将带大家安装事件驱动 I/O 服务端 JavaScript 环境 Node.js、管理(下载/卸载/发布)第三方模块的工具 NPM、集成开发环境 VS Code、Vue CLI 和检查及调试 Vue.js 的应用工具 Vue Devtools。

2.1.1　安装 Node.js

1. Node.js 介绍

Node 是一个能让 JavaScript 运行在服务端的开发平台，使 JavaScript 成为与 PHP、Python、Perl、Ruby 等服务端语言平起平坐的脚本语言。Node 发布于 2009 年 5 月，由 Ryan Dahl 开发。

简单地说，Node.js 就是运行在服务端的 JavaScript。Node.js 是一个基于 Chrome JavaScript 运行时建立的平台，底层架构是 JavaScript，文件后缀是.js。

Node.js 是一个事件驱动 I/O 服务端 JavaScript 环境，基于 Google 的 V8 引擎，V8 引擎执行 JavaScript 的速度非常快，性能非常好。

2. 下载安装 Node.js

(1) 首先，输入下载地址 http://nodejs.cn/download/，打开如图 2-1 所示的下载界面。

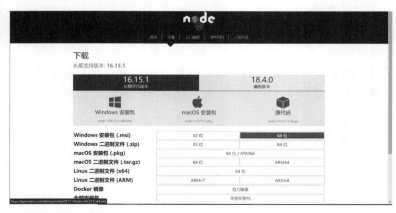

图 2-1　下载界面

(2) 选择 64 位的 Windows 安装包(.msi)，下载完成后默认安装即可。

(3) 安装完成后，在 cmd 窗口中输入 node-v，查看是否安装成功。若看到如图 2-2 所示的输出，则证明安装成功。

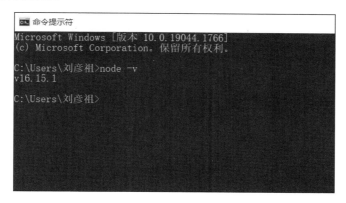

图 2-2　检验 Node.js 是否安装成功

2.1.2　设置 NPM 镜像

1. NPM 介绍

(1) NPM 是管理(下载、卸载、发布)第三方模块的工具。

(2) NPM 是 Node 包管理器，包含管理 Node 包的工具。

(3) NPM 这个工具在安装 Node 的时候就已经同时安装了。

2. NPM 的作用

(1) 可以管理 Node 模块。

(2) 可下载并安装第三方模块。

(3) 可卸载第三方模块。

(4) 可发布模块。

(5) 可删除已发布的模块。

3. NPM 镜像安装

(1) 通过命令配置淘宝镜像，切换为淘宝镜像：

```
npm config set registry https://registry.npm.taobao.org
```

查看当前使用的镜像地址：

```
npm config get registry
```

如果返回 https://registry.npm.taobao.org，则说明镜像配置成功。

(2) 切换回原镜像：

```
npm config set registry https://registry.npmjs.org
```

(3) 其他镜像地址查询。

安装 NRM：

```
npm install nrm -g
```

查看安装的 NRM 版本：

```
nrm -V
```

或者

```
nrm --version
```

成功时显示如下：

```
npm ---- https://registry.npmjs.org/
cnpm --- http://r.cnpmjs.org/
taobao - https://registry.npm.taobao.org/
nj ----- https://registry.nodejitsu.com/
npmMirror https://skimdb.npmjs.com/registry/
edunpm - http://registry.enpmjs.org/
```

(4) 通过配置淘宝镜像安装并使用 cnpm。

安装 cnpm：

```
npm install -g cnpm --registry=https://registry.npm.taobao.org
```

使用 cnpm：

```
cnpm install xxx
```

2.1.3　选择合适的 IDE

　　IDE 的全称为 integrated development environment(集成开发环境)，是由一系列与软件开发有关的工具整合而成的统一软件。如果要做一个比喻，可以把 IDE 看成编程人员手中的一套"武器"。在正式编程之前，了解不同的 IDE 的优缺点，选择一个最为称手的 IDE，对我们后续的编程开发会有很大的帮助。

第 1 章已经介绍了 5 种前端开发软件，本书选用 VS Code 来讲解。

1. 下载安装 VS Code

(1) 首先，在浏览器中输入下载地址 https://code.visualstudio.com/，即可打开如图 2-3 所示的下载界面。

图 2-3　VS Code 下载界面

(2) 下载完成后，双击安装 VS Code，进入如图 2-4 所示的界面。

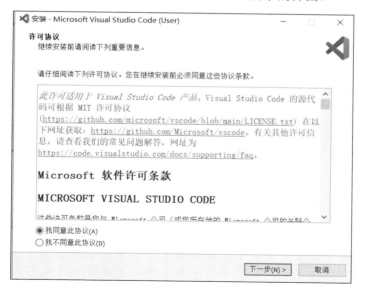

图 2-4　安装 VS Code

(3) 单击"下一步"按钮，可选择安装目录，如图 2-5 所示。

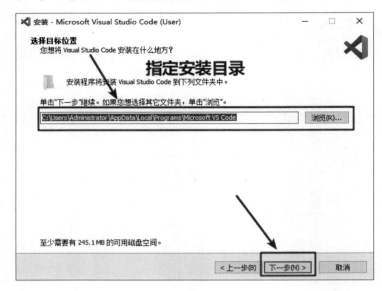

图 2-5　选择安装目录

(4) 单击"下一步"按钮，可选择创建桌面快捷方式，如图 2-6 所示。

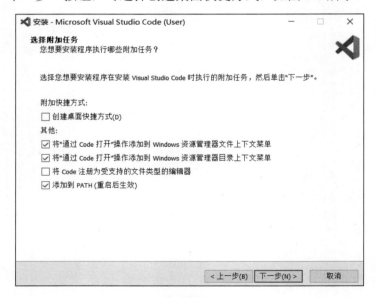

图 2-6　选择附加任务

（5）单击"下一步"按钮，进入"准备安装"界面，如图 2-7 所示。

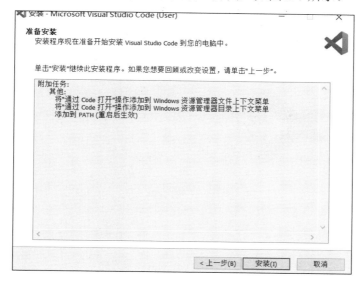

图 2-7　"准备安装"界面

（6）单击"安装"按钮，即可安装 VS Code，如图 2-8 所示。

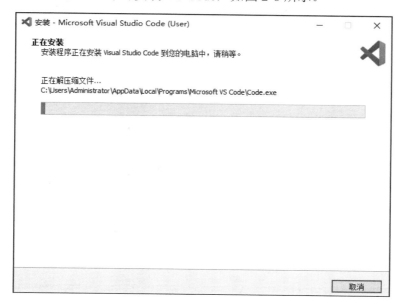

图 2-8　开始安装 VS Code

（7）安装完毕，界面如图 2-9 所示。

图 2-9　VS Code 安装完毕界面

（8）如果在上一步选择"运行 Visual Studio Code"复选框，单击"完成"按钮，将自动运行 VS Code，如图 2-10 所示。

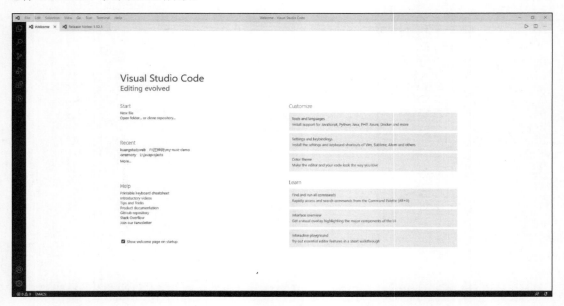

图 2-10　VS Code 初始界面

2. 配置中文界面

(1) 首先安装中文插件：Chinese (Simplified)(简体中文) Language Pack for Visual Studio Code，如图 2-11 所示。

图 2-11　配置中文界面

(2) 单击 Restart 按钮，重启 VS Code。

(3) 重启后，界面如图 2-12 所示，证明安装成功。

图 2-12　中文界面配置成功

(4) 有些计算机重启后如果界面没有变化，可单击左边栏中的 Manage→Command Palette 按钮或按 Ctrl+Shift+P 快捷键。

(5) 在搜索框中输入"configure display language"，按 Enter 键，如图 2-13 所示。

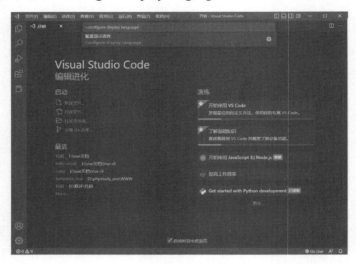

图 2-13　配置显示语言

(6) 选择"中文(简体)(zh-cn)"，如图 2-14 所示。

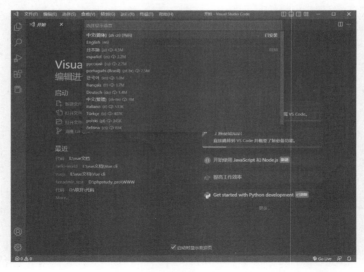

图 2-14　选择"中文(简体)(zh-cn)"

(7) 最后重启 VS Code 即可。

3. 安装插件

为方便后续开发，建议安装以下插件：

- HTML CSS Support(代码补全，自动格式)。
- Auto Rename Tag(辅助标签重命名)。
- Live Server(自动刷新浏览器)。

2.1.4　安装 Vue CLI

Vue CLI 是为了让开发者能够快速地进行应用开发而研发的，秉承的是"约定大于配置"思想，简单地说，就是"以够用为配置的基本准则，在此配置下，用户可快速进行业务开发"。

安装 Vue CLI 的步骤如下。

(1) 在命令行窗口中执行如下命令，如图 2-15 所示。

```
npm install -g @vue/cli
```

图 2-15　安装 Vue CLI

(2) 输出如图 2-16 所示，则证明安装成功。

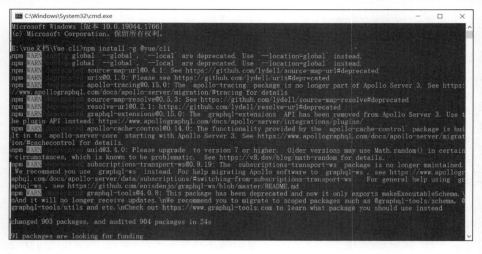

图 2-16　Vue CLI 安装成功

2.1.5　检查和调试 Vue.js 应用的工具——Vue Devtools

1. Vuex Devtools 插件的作用

跟踪记录每一次改变 state 的状态，从而知道是哪个组件修改了 state。

2. Vue Devtools 的安装

(1) 在 Microsoft Edge 浏览器中选择"扩展"选项，如图 2-17 所示。

图 2-17　选择"扩展"选项

(2) 单击"获取 Microsoft Edge 扩展"链接，如图 2-18 所示。

图 2-18 获取外部扩展

(3) 在搜索框中输入"Vue Devtools"，如图 2-19 所示。

图 2-19 搜索"Vue Devtools"

(4) 找到 Vue.js devtools 并获取，如图 2-20 所示。

图 2-20 选择扩展并获取

2.2　创建 Vue.js 应用 hello-world

　　CLI 是 Command-Line Interface，即命令行界面，俗称脚手架。Vue CLI 是一个官方发布的 Vue.js 项目脚手架，它可以快速搭建 Vue 开发环境以及对应的 Webpack 配置。可以依靠 Vue UI 通过一套图形化界面管理所有项目。本节将讲述如何用 Vue CLI 创建并运行一个项目。

2.2.1　利用 Vue CLI 初始化 Vue.js 应用 hello-world

　　(1) 在要创建 Vue.js 应用的文件夹索引框中输入 cmd，如图 2-21 所示。

图 2-21　输入 cmd

　　(2) 在命令行窗口中执行如下命令初始化应用 hello-world，如图 2-22 所示。

```
vue create hello-world
```

图 2-22　输入命令

(3) 选择 Vue 3 模板"Default([Vue 3] babel, eslint)"，并按 Enter 键，如图 2-23 所示。

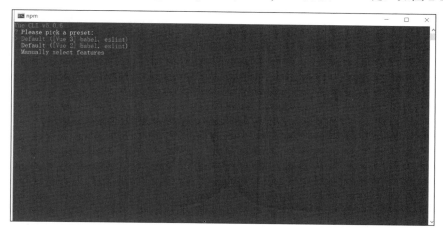

图 2-23　选择模板

(4) 结果如图 2-24 所示，则证明 hello-world 项目已经创建完成。

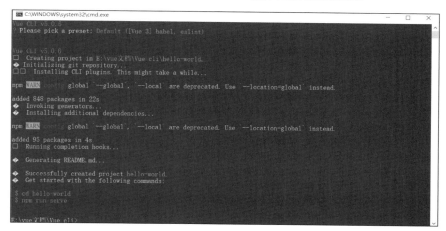

图 2-24　项目创建成功

2.2.2　运行 Vue.js 应用 hello-world

(1) Vue.js 应用需要在 Vue CLI 初始化后的目录下运行，按图 2-25 所示执行如下命令：

```
cd hello-world
npm run serve
```

```
E:\vue文档\Vue cli>cd hello-world

E:\vue文档\Vue cli\hello-world>npm run serve_
```

图 2-25 执行命令

(2) 若看到如图 2-26 所示的输出，则证明项目已经启动。

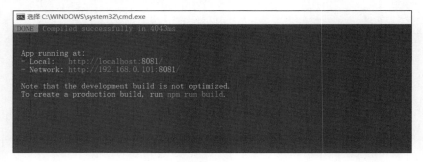

图 2-26 启动成功

(3) 用浏览器访问 http://localhost:8081/，可以看到项目的主页，如图 2-27 所示。

图 2-27 项目主页

2.3　探索 Vue.js 应用

2.3.1　整体项目结构

如图 2-28 所示，Vue.js 的整体项目结构包括项目根目录文件、node_modules 目录、public 目录和 src 目录。

名称	修改日期	类型	大小
node_modules	2022/7/5 3:43	文件夹	
public	2022/7/5 3:37	文件夹	
src	2022/7/5 3:37	文件夹	
.gitignore	2022/7/5 3:37	文本文档	1 KB
babel.config.js	2022/7/5 3:37	JavaScript 文件	1 KB
jsconfig.json	2022/7/5 3:37	JSON 文件	1 KB
package.json	2022/7/5 3:37	JSON 文件	1 KB
package-lock.json	2022/7/5 3:37	JSON 文件	758 KB
README.md	2022/7/5 3:37	MD 文件	1 KB
vue.config.js	2022/7/5 3:37	JavaScript 文件	1 KB

图 2-28　整体项目结构

2.3.2　项目根目录文件

如图 2-29 所示，主要的根目录文件说明如下。

.gitignore	2022/7/5 3:37	文本文档	1 KB
babel.config.js	2022/7/5 3:37	JavaScript 文件	1 KB
jsconfig.json	2022/7/5 3:37	JSON 文件	1 KB
package.json	2022/7/5 3:37	JSON 文件	1 KB
package-lock.json	2022/7/5 3:37	JSON 文件	758 KB
README.md	2022/7/5 3:37	MD 文件	1 KB
vue.config.js	2022/7/5 3:37	JavaScript 文件	1 KB

图 2-29　根目录文件

(1) .gitignore：用于配置哪些文件不由 git 管理。

(2) babel.config.js：Babel 中的配置文件。Babel 是一款 JavaScript 编译器。

（3）package.json、package-lock.json：npm 包管理器的配置文件。npm install 读取 package.json 创建依赖项列表，并用 package-lock.json 来通知要安装这些依赖项的哪个版本。如果某个依赖项在 package.json 中，但是不在 package-lock.json 中，运行 npm install 时会将这个依赖项的确定版本更新到 package-lock.json 中，而不会更新其他依赖项的版本。

（4）README.md：项目的说明文件。一般会详细说明项目的作用、怎么构建、怎么求助等内容。

2.3.3 node_modules 目录

node_modules 目录是安装 Node 后用来存放用包管理工具下载安装的包的文件夹，其目录结构如图 2-30 所示。打开该目录，可以看到项目所依赖的包非常多。

名称	修改日期	类型	大小
.bin	2022/7/5 3:37	文件夹	
.cache	2022/7/5 3:43	文件夹	
@achrinza	2022/7/5 3:37	文件夹	
@ampproject	2022/7/5 3:37	文件夹	
@babel	2022/7/5 3:37	文件夹	
@eslint	2022/7/5 3:37	文件夹	
@hapi	2022/7/5 3:37	文件夹	
@humanwhocodes	2022/7/5 3:37	文件夹	
@jridgewell	2022/7/5 3:37	文件夹	
@leichtgewicht	2022/7/5 3:37	文件夹	
@node-ipc	2022/7/5 3:37	文件夹	
@nodelib	2022/7/5 3:37	文件夹	
@polka	2022/7/5 3:37	文件夹	
@sideway	2022/7/5 3:37	文件夹	
@soda	2022/7/5 3:37	文件夹	
@trysound	2022/7/5 3:37	文件夹	
@types	2022/7/5 3:37	文件夹	
@vue	2022/7/5 3:37	文件夹	
@webassemblyjs	2022/7/5 3:37	文件夹	
@xtuc	2022/7/5 3:37	文件夹	
accepts	2022/7/5 3:37	文件夹	
acorn	2022/7/5 3:37	文件夹	
acorn-import-assertions	2022/7/5 3:37	文件夹	
acorn-jsx	2022/7/5 3:37	文件夹	
acorn-walk	2022/7/5 3:37	文件夹	
address	2022/7/5 3:37	文件夹	

图 2-30 node_modules 目录的结构

2.3.4　public 目录

public 目录在下列情况下使用。

(1) 当在输出中需要指定一个文件的名字时。

(2) 当图片较多需要动态引用它们的路径时。

(3) 有些库可能和 Webpack 不兼容，这些库放到这个目录下，以后使用时可将其用一个独立的 <script> 标签引入。

public 目录的结构如图 2-31 所示。

图 2-31　public 目录的结构

2.3.5　src 目录

src 目录就是存放项目源码的目录。

(1) assets：用于放置静态文件，比如一些图片、JSON 数据等。

(2) components：用于放置 Vue 公共组件。目前，该目录下仅有一个 HelloWorld.vue 组件。

(3) App.vue：页面入口文件，也是根组件(整个应用只有一个)，可以引用其他 Vue 组件。

(4) main.js：程序入口文件，主要作用是初始化 Vue 实例，并使用需要的插件。

src 目录的结构如图 2-32 所示。

图 2-32　src 目录的结构

2.4　在 Vue.js 应用中使用 TypeScript

目前，有基于 Vue 3 Preview 创建项目和基于 Manually select features 创建项目两种方式，可以实现在 Vue 3 应用中使用 TypeScript。

2.4.1　基于 Vue 3 Preview 创建项目

依照 2.2 节创建 Vue.js 应用 hello-world 的流程，可以采用如下所示的步骤实现 Vue.js 对 TypeScript 的支持。

(1) 在应用的根目录下执行如下命令：

```
vue add typescript
```

此时，在命令行中会出现提示框，根据提示选择即可。这里通常选"Y"，如图 2-33 所示。

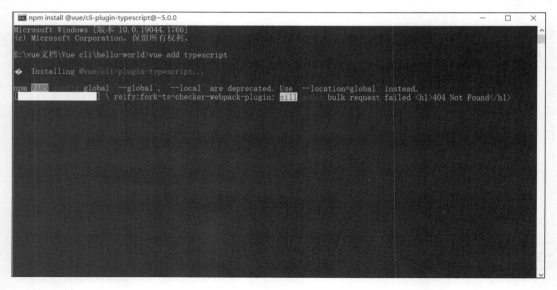

图 2-33　输入命令并选择

(2) 看到如图 2-34 所示的输出，则证明项目已经创建成功。

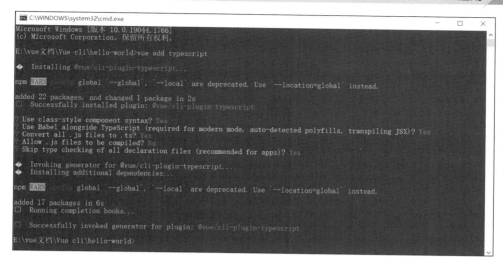

图 2-34　项目创建成功

2.4.2　基于 Manually select features 创建项目

如果采用 Manually select features(手动选择)方式创建应用，则可以直接选择 TypeScript 作为支持选项，具体步骤如下。

(1) 在要创建项目的文件夹下输入 cmd 命令，如图 2-35 所示。

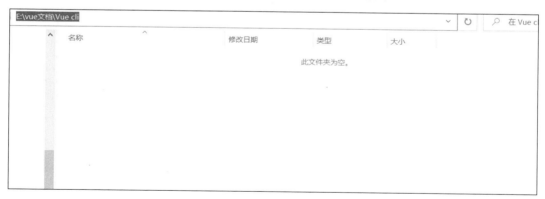

图 2-35　输入 cmd 命令

(2) 在命令行窗口中执行如下命令，初始化项目"hello-ts"，如图 2-36 所示。

```
vue create hello-ts
```

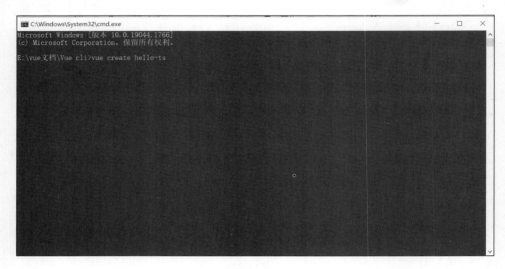

图 2-36　初始化项目

(3) 选择 Manually select features 选项，并按 Enter 键，如图 2-37 所示。

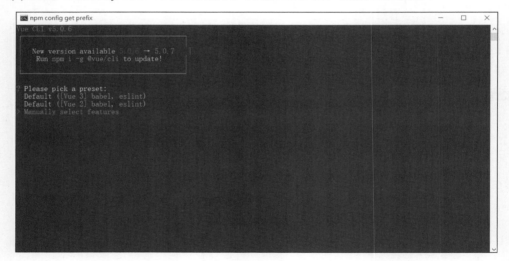

图 2-37　配置 Manually select features

(4) 选择 TypeScript 选项，而后按 Enter 键，如图 2-38 所示。

图 2-38　配置 TypeScript

(5) 选择 3.x 选项，而后按 Enter 键，如图 2-39 所示。

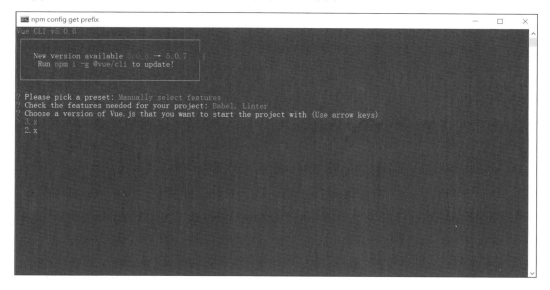

图 2-39　配置 3.x

(6) 选择 ESLint with error prevention only 选项，而后按 Enter 键，如图 2-40 所示。

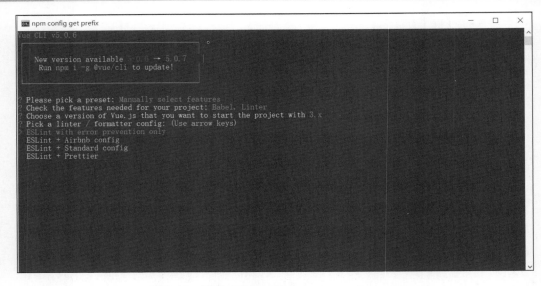

图 2-40　配置 ESLint with error prevention only

(7) 选择 Lint on save 选项，而后按 Enter 键，如图 2-41 所示。

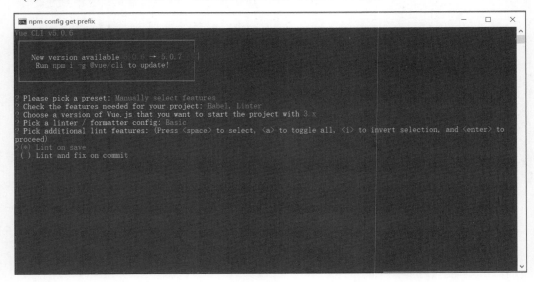

图 2-41　配置 Lint on save

(8) 选择 In dedicated config files 选项，而后按 Enter 键，如图 2-42 所示。

(9) 看到如图 2-43 所示的输出，则证明项目已经创建成功。

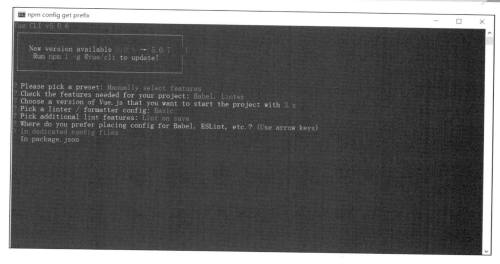

图 2-42　配置 In dedicated config files

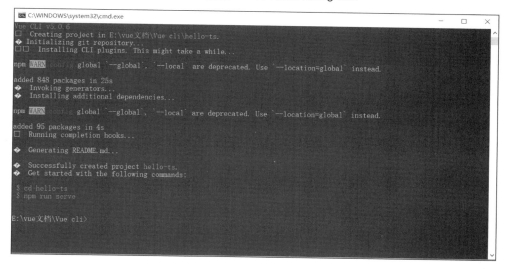

图 2-43　初始化成功

2.4.3　TypeScript 与 JavaScript 应用的差异

相比于 JavaScript 的应用，TypeScript 应用的目录结构如图 2-44 和图 2-45 所示。多了 TypeScript 语言的配置文件 jsconfig.json，package.json 和 package-lock.json 中多了对 TypeScript 等依赖的描述，main.js 改为了 main.ts，多了 shims-vue.d.ts 文件，所有在 Vue 组

件中使用 JavaScript 的地方，都改为了 TypeScript。

名称	修改日期	类型	大小
node_modules	2022/7/5 20:47	文件夹	
public	2022/7/5 20:47	文件夹	
src	2022/7/5 20:47	文件夹	
.browserslistrc	2022/7/5 20:47	BROWSERSLIST...	1 KB
.eslintrc.js	2022/7/5 20:47	JavaScript 文件	1 KB
.gitignore	2022/7/5 20:47	文本文档	1 KB
babel.config.js	2022/7/5 20:47	JavaScript 文件	1 KB
jsconfig.json	2022/7/5 20:47	JSON 文件	1 KB
package.json	2022/7/5 20:47	JSON 文件	1 KB
package-lock.json	2022/7/5 20:47	JSON 文件	758 KB
README.md	2022/7/5 20:47	MD 文件	1 KB
vue.config.js	2022/7/5 20:47	JavaScript 文件	1 KB

图 2-44　TypeScript 应用的目录结构

软件0526后 (E:) > vue文档 > Vue cli > hello-world > src >

名称	修改日期	类型	大小
assets	2022/7/5 3:37	文件夹	
components	2022/7/5 3:37	文件夹	
App.vue	2022/7/5 20:32	VUE 文件	1 KB
main.ts	2022/7/5 20:32	TS 文件	1 KB
shims-vue.d.ts	2022/7/5 20:32	TS 文件	1 KB

图 2-45　TypeScript 应用的资源文件

2.5　小结

在本章中，我们对 Vue.js 的 IDE 安装和 Vue CLI 的目录结构有了一个比较详细的了解，足以满足日常使用。本章也对 VS Code 常用的插件进行了介绍，良好的插件可以为我们减轻很多操作负担。Vue CLI 作为 Vue.js 官方推出的框架，内容较多，在日常开发中基本上都会用到。本章从 Vue CLI 的多个版本安装到 Vue CLI 的运行，再到 Vue CLI 的目录结构都做了详细的介绍，将这些知识点融会贯通，会方便我们的理解，这也就是学习的目的。

第 3 章

TypeScript 基础

由于 JavaScript 是一门非常灵活的编程语言，没有类型约束，因此其代码质量参差不齐，维护成本高，运行时错误多。TypeScript 应运而生，它的类型系统在很大程度上弥补了 JavaScript 的缺点。本章将从 TypeScript 变量讲起，一步步为大家打下基础。

3.1　TypeScript 概述

从 TypeScript 的名字就可以看出来，"类型"是其最核心的特性，它是添加了类型系统的 JavaScript，适用于开发任何规模的项目。

我们知道，JavaScript 是一门非常灵活的编程语言：它没有类型约束，一个变量可能初始化时是字符串，过一会儿又被赋值为数字；由于存在隐式类型转换，有些变量的类型很难在运行前就确定；基于原型的面向对象编程，使得原型上的属性或方法可以在运行时被修改。函数在 JavaScript 中可以赋值给变量，也可以当作参数或返回值。

这种灵活性就像一把双刃剑，一方面使得 JavaScript 蓬勃发展，无所不能，从 2013 年开始就一直蝉联最普遍使用的编程语言排行榜冠军；另一方面也使得它的代码质量参差不齐，维护成本高，运行时错误多。而 TypeScript 的类型系统，在很大程度上弥补了 JavaScript 的缺点。

3.1.1　TypeScript 与 JavaScript、ECMAScript 的关系

ECMAScript 是标准语言，JavaScript 是 ECMAScript 的实现，TypeScript 是 JavaScript 的超集。

1. ECMAScript

ECMAScript，即 ECMA-262 定义的语言，并不局限于 Web 浏览器。事实上，这门语言没有输入和输出之类的方法。

ECMA-262 将 ECMAScript 语言作为一个基准来定义，以便在它之上构建更稳健的脚本语言。如果不涉及浏览器，ECMA-262 在基本的层面描述这门语言的语法、类型、语句、关键字、保留字、操作符和全局对象。

ECMAScript 只是对实现 ECMA-262 规范描述的所有方面的一门语言的称呼，其实也可以将其理解为一个语言标准。JavaScript 实现了 ECMAScript，而 Adobe ActionScript 同样也实现了 ECMAScript，也可以构建一门脚本语言(如 XXScript)来实现 ECMAScript。TypeScript 的构建如图 3-1 所示。

2. JavaScript

虽然 JavaScript 和 ECMAScript 在平时使用时基本上是同义词，但 JavaScript 远远不限

于 ECMA-262 所定义的那些部分。完整的 JavaScript 实现包含核心(ECMAScript)、文档对象模型(DOM)和浏览器对象模型(BOM)，可以理解为 ECMAScript 是形成 JavaScript 语言基础的脚本语言，再加上 DOM 和 BOM，构成了完整的 JavaScript 实现。

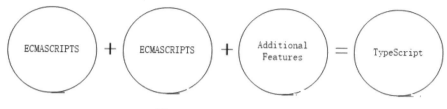

图 3-1　TypeScript 的构建

3. TypeScript

TypeScript 是 JavaScript 的超集，添加了可选的静态类型系统、很多尚未正式发布的 ECMAScript 新特性(如装饰器)等，最终会被编译为 JavaScript 代码。

4. 三者的关系

ECMAScript 指的是 JavaScript 语言的标准语法和基础环境内置对象。

JavaScript 一般指的是浏览器环境运行的 ECMAScript 语法接口的编程语言，另外还包含 BOM(浏览器的一些接口，获取浏览器信息/版本/屏幕/操作系统/URL 处理等)、DOM(HTML 文档对象接口，所有用户处理的页面元素、样式等都属于 DOM)。

TypeScript 主要是针对编程语言语法扩展而来的，所以不将它直接与 JS 比较，TS 就是在 ES 的语法基础上扩展 Type 产生的东西，除去类型定义的 TS 就是 ES，TS 比 ES 仅仅多了 Type。这种类型扩展是由于 JavaScript 应用范围越来越广，复杂度越来越高，为了提高可维护性所产生的有意义的能力。

3.1.2　TypeScript 与 Vue.js 的关系

Vue 本身就是用 TypeScript 编写的，并对 TypeScript 提供了支持。所有的 Vue 官方库都提供了类型声明文件，开箱即用。

随着应用规模的增长，越来越多的开发者认识到静态语言的好处，静态类型系统可以帮助防止许多潜在的运行时错误。TypeScript 可以在编译时通过静态分析检测出很多常见错误，这减少了生产环境中的运行时错误，也让我们在重构大型项目的时候更有信心。通过 IDE 中基于类型的自动补全，TypeScript 还改善了开发体验和效率。这就是为什么 Vue 3

是用 TypeScript 编写的。这意味着在 Vue 应用开发中，使用 TypeScript 进行开发不需要任何其他工具。

3.1.3 使用 TypeScript 的优势

TypeScript 是微软公司开发的一种开源的编程语言，通过在 JavaScript 的基础上添加静态类型定义构建而成。TypeScript 通过 TypeScript 编译器或 Babel 转译为 JavaScript 代码，可运行于任何浏览器和操作系统。TypeScript 主要有下列优点。

1. TypeScript 和 JavaScript 一样

TypeScript 以 JavaScript 开始，并以 JavaScript 结束。TypeScript 采用 JavaScript 程序的基本构建块。因此，只需要知道 JavaScript 即可使用 TypeScript。所有 TypeScript 代码都可转换为 JavaScript 等效代码。

2. TypeScript 支持其他 JS 库

可以在任何 JavaScript 代码中使用编译的 TypeScript。TypeScript 生成的 JavaScript 可以复用所有现有的 JavaScript 框架、工具和库。

3. TypeScript 非常包容

任何有效的.js 文件都可以被重命名为.ts，即使不显式地定义类型，也能够自动做出类型推导。兼容第三方库，即使第三方库不是用 TypeScript 写的，也可以编写单独的类型文件供 TypeScript 读取，并使用其他 TypeScript 编译器进行编译。

4. TypeScript 是可移植的

TypeScript 可跨浏览器、设备和操作系统移植，可以在运行 JavaScript 的任何环境中运行。TypeScript 不需要专用的 VM(虚拟机)或特定运行时环境来执行。

5. TypeScript 增强了代码的可读性和可维护性

类型系统实际上是最好的文档，大部分函数通过类型的定义就知道如何使用了。可以在编译阶段就发现大部分错误，这总比在运行时出错好。增强了编译器和 IDE 的功能，包括代码补全、接口提示、跳转到定义、重构等。

6. TypeScript 拥有活跃的社区

有活跃的社区，大多数第三方库都可提供 TS 的类型定义文件，完全支持 ES 6 规范。

3.1.4 安装 TypeScript

在安装 TypeScript 之前，需要保证已经安装好了 Node.js，如果没有安装，请先按照第 2 章流程安装好 Node.js。安装完 Node.js 之后，即可开始安装 TypeScript。

（1）打开命令行窗口，输入以下命令，使用国内镜像，如图 3-2 所示。

```
npm config set registry https://registry.npmmirror.com
```

```
E:\vue文档\ts>npm config set registry https://registry.npmmirror.com
npm WARN config global `--global`, `--local` are deprecated. Use `--location=global` instead.
```

图 3-2　使用国内镜像

（2）在命令行窗口中输入以下命令安装 TypeScript，如图 3-3 所示。

```
install -g typescript
```

```
E:\vue文档\ts>npm install -g typescript
npm WARN config global `--global`, `--local` are deprecated. Use `--location=global` instead.
npm WARN config global `--global`, `--local` are deprecated. Use `--location=global` instead.
added 1 package in 2s
```

图 3-3　安装 TypeScript

（3）在命令行窗口中输入以下命令查看版本号，确认是否安装成功，如图 3-4 所示。

```
Tsc -v
```

```
E:\vue文档\ts>tsc -v
Version 4.7.4
```

图 3-4　查看版本号

3.1.5 TypeScript 代码的编译及运行

TypeScript 无法直接运行，需要转换为 JavaScript 才能运行，TypeScript 的代码定义在扩展名为.ts 的文件中，最终需要编译为扩展名为.js 的文件。

TypeScript 代码的编译及运行步骤如下。

(1) 新建一个 app.ts 文件，代码如下：

```
var message:string = "Hello World" console.log(message)
```

(2) 在命令行窗口中执行以下命令，将 TypeScript 转换为 JavaScript 代码，如图 3-5 所示。

```
tsc app.ts
```

图 3-5 将.ts 转换为.js

命令执行成功后，在当前目录(与 app.ts 位于同一目录)下就会生成一个 app.js 文件，代码如下：

```
var message = "Hello World"; console.log(message);
```

(3) 使用 node 命令来执行 app.js 文件：

```
$ node app.js
```

命令执行成功后，结果如图 3-6 所示。

图 3-6 执行 app.js

TypeScript 转换为 JavaScript 的过程如图 3-7 所示。

图 3-7 .ts 转换为 .js 的过程

3.2 常量与变量

常量与变量(constant/variate)在数学中用来反映事物的量。常量亦称"常数",是反映事物相对静止状态的量;变量亦称"变数",是反映事物运动变化状态的量。在 TypeScript 中,用 var 和 let 声明变量,用 const 声明常量。

3.2.1 const、let、var 三者的作用域

1. 作用域

作用域永远都是编程语言的重中之重，因为它控制着变量与参数的可见性与生命周期。首先理解两个概念：块级作用域与函数作用域。

1）块级作用域

任何一对花括号"{}"中的语句集都属于一个块，其中定义的所有变量在代码块外都是不可见的，我们称其为块级作用域，如 if(){}、for(){}中的花括号都是块级作用域。

2）函数作用域

这很明显是 function(){}的形式，定义在函数中的参数和变量在函数外部是不可见的。

var 是忽视块级作用域的，也就是说，在块级作用域中用 var 定义变量，在外部是可以访问变量值的，var 只有在函数作用域中声明的变量外部才不能访问。而且 var 声明的变量会被声明提前，即提升到作用域顶部，并被赋值为 undefined。

const 和 let 是有块级作用域概念的，也就是说，在块级作用域中用 const 或者 let 定义，外部无法访问，且不可以声明提前。

2. const、let、var 三者的作用域

1）const

const 用于定义常量，在声明的时候就必须赋值，且这个值不能再被改变，否则会报错。

例 3-1 声明 const 常量时不赋值报错：

```
const a;
```

例 3-2 试图改变 const 常量时报错：

```
const a=1;
a=2;
```

例 3-3 在同一作用域中重复定义 const 常量报错：

```
const a=1;
const a=2;
```

例 3-4 const 常量不会被声明提前(与 var 有区别)：

```
console.log(a)
const a=2;
```

例 **3-5** const 常量可以声明块级作用域的变量，块级作用域外无法访问内部变量：

```
if(true){
    const a=1;
}
console.log(a)
```

2）let

let 和 var 比较相似，区别就是 let 不能被声明提前，且可以声明块级作用域的变量。此外，不能被重复声明。

例 **3-6** 声明时可以不赋值：

```
let a;
a=1;
console.log(a)
```

例 **3-7** 在同一作用域中重复定义 let 变量报错：

```
let a;
let a=1;
console.log(a)
```

例 **3-8** 在同一作用域中重复定义变量报错：

```
let a=1;
var a=1;
console.log(a)
```

例 **3-9** 不会被声明提前（与 var 有区别）：

```
console.log(a)
let a=1;
```

例 **3-10** 可以声明块级作用域的变量，块级作用域外无法访问内部变量：

```
if(true){
    let a=1;
}
console.log(a)
for(let a=0;a<10;a++){
}
console.log(a)
let a=1;
if(true){
    let a=2;
}
console.log(a)
```

3) var

var 我们算是最熟悉了，就是声明变量用的，但它不能定义块级作用域变量，且会被声明提前。

例 3-11 可重复定义：

```
var a=1;
var a=2;
console.log(a)
```

例 3-12 声明时可以不赋值：

```
var a;
console.log(a) //undefined
```

例 3-13 js 程序在正式执行之前，会将所有 var 声明的变量和 function 声明的函数预读到所在作用域的顶部，但是对于 var 声明只是将声明提前，赋值仍然保留在原位置：

```
console.log(a)
var a=10;
console.log(a)
```

等同于：

```
var a;
console.log(a)
a=10;
console.log(a)
```

例 3-14 无法定义块级作用域变量，在块级作用域中定义时相当于定义了一个全局变量：

```
for(var a=0;a<10;a++){
}
console.log(a)  //10
console.log(a)  //undefined
if(true){
    var a=1;
}
console.log(a)  //1
```

3.2.2 常量与变量的区别

常量与变量的存储方式是一样的，只不过常量必须有初始值，且值不允许被修改；而变量可以无初始值，且可以多次赋值。

1. 常量

(1) 常量是不会改变的值。

(2) 常量用 const 关键字声明。

(3) 常量名称习惯上使用大写形式。

2. 变量

(1) 可以改变的量，往往用英语字母代替变量，并且区分大小写。

(2) 变量用 var 加字母声明，比如 var x = 8;。

(3) 变量其实是一个容器，其作用是临时存储数据。

3.2.3 变量提升

1. 什么是变量提升

在 MDN 中对变量提升的描述：变量提升(Hoisting)被认为是 JavaScript 中执行上下文 (特别是创建和执行阶段)的一种工作方式。在 ECMAScript® 2015 Language Specification 之前 的 JavaScript 文档中找不到"变量提升"这个词。

从概念的字面意义上说，"变量提升"意味着变量和函数的声明会在物理层面移动到 代码的最前面，但这么说并不准确。实际上变量和函数声明在代码里的位置是不会动的， 而是在编译阶段会被放入内存中。

通俗来说，变量提升是指在 JavaScript 代码执行过程中，JavaScript 引擎把变量的声明 部分和函数的声明部分提升到代码开头的行为。变量被提升后，会给变量设置默认值 undefined。正是由于 JavaScript 存在变量提升这种特性，导致了很多与直觉不太相符的代 码，这也是 JavaScript 的一个设计缺陷。虽然 ECMAScript 6 已经通过引入块级作用域并配 合使用 let、const 关键字，避开了这种设计缺陷，但是由于 JavaScript 需要向下兼容，所以 变量提升在很长时间内还会继续存在。

在 ECMAScript 6 之前，JS 引擎用 var 关键字声明变量。在 var 时代，不管变量声明写 在哪里，最后都会被提升到作用域的顶端。

例 3-15 在全局作用域中的变量提升：

```
console.log(num)
var num = 1
```

这里会输出 undefined，因为变量的声明被提升了，它等价于：

```
var num
console.log(num)
num = 1
```

可以看到，num 作为全局变量，会被提升到全局作用域的顶端。

例 3-16 在函数作用域中的变量提升：

```
function getNum() {
  console.log(num)
  var num = 1
}
getNum()
```

这里也会输出 undefined，因为函数内部的变量声明会被提升至函数作用域的顶端。它等价于：

```
function getNum() {
    var num
    console.log(num)
    num = 1
}
getNum()
```

2. 函数实际上也存在提升

JavaScript 中函数的声明形式有两种。

(1) 函数形式声明：

```
function foo() {}
```

(2) 变量形式声明：

```
var fn = function() {}
```

当使用变量形式声明函数时，和普通的变量一样会存在提升的现象，而函数形式声明会提升到作用域最前边，并且将声明内容一起提升到最上边。

例 3-17 变量形式声明：

```
fn()
var fn = function () {
    console.log(1)
}
// 输出结果: Uncaught TypeError: fn is not a function
```

例 3-18 函数形式声明：

```
foo()
function foo() {
    console.log(2)
}
// 输出结果: 2
```

从例 3-17 和例 3-18 可以看到，使用变量形式声明 fn 并在前面执行时，会报错 fn 不是一个函数，因为此时 fn 只是一个变量，还没有赋值为一个函数，所以是不能执行 fn 方法的。

3. 为什么会有变量提升

变量提升和 JavaScript 的编译过程密切相关：JavaScript 和其他语言一样，都要经历编译和执行阶段。在短暂的编译阶段，JS 引擎会搜集所有的变量声明，并且提前让声明生效，而剩下的语句需要在执行阶段等到执行到具体语句时才会生效。这就是变量提升背后的机制。

那为什么 JavaScript 中会存在变量提升这个特性呢？

首先要从作用域说起。作用域是指在程序中定义变量的区域，该位置决定了变量的生命周期。通俗地理解，作用域就是变量与函数的可访问范围，即作用域控制着变量和函数的可见性和生命周期。

在 ES 6 之前，作用域分为两种。

(1) 全局作用域中的对象在代码的任何地方都可以访问，其生命周期和页面的生命周期一样。

(2) 函数作用域是在函数内部定义的变量或者函数，并且定义的变量或者函数只能在函数内部被访问。函数执行结束之后，函数内部定义的变量会被销毁。

相较而言，其他语言则普遍支持块级作用域。块级作用域就是使用一对大括号包裹的一段代码，比如函数、判断语句、循环语句，甚至一个单独的大括号都可以被看作一个块级作用域(注意，对象声明中的大括号不是块级作用域)。简单来说，如果一种语言支持块级作用域，那么其代码块内部定义的变量在代码块外部是访问不到的，并且等该代码块中的代码执行完成之后，代码块中定义的变量会被销毁。

ES 6 之前是不支持块级作用域的，没有块级作用域，将作用域内部的变量统一提升无疑是最快速、最简单的设计，不过这也直接导致了函数中的变量无论是在哪里声明的，在编译阶段都会被提取到执行上下文的变量环境中，所以这些变量在整个函数体内部的任何地方都是可访问的，这也就是 JavaScript 中的变量提升。

使用变量提升有如下两个好处。

(1) 提高性能。

在 JS 代码执行之前，会进行语法检查和预编译，并且这一操作只进行一次。这么做就是为了提高性能，如果没有这一步，那么每次执行代码前都必须重新解析一遍变量(函数)，这是没有必要的，因为变量(函数)的代码并不会改变，解析一遍就够了。

在解析的过程中，还会为函数生成预编译代码。在预编译时，会统计声明了哪些变量，创建了哪些函数，并对函数的代码进行压缩，去除注释、不必要的空白等。这样做的好处就是每次执行函数时都可以直接为该函数分配栈空间(不需要再解析一遍去获取代码中声明了哪些变量，创建了哪些函数)，并且因为代码压缩的原因，代码执行速度也更快了。

(2) 容错性更好。

变量提升可以在一定程度上提高 JS 的容错性，如例 3-19 所示。

例 3-19 变量提升对 JS 容错性的体现：

```
a = 1;
var a;
console.log(a); // 1
```

如果没有变量提升，例 3-19 就会报错，但是因为有了变量提升，例 3-19 就可以正常执行了。

虽然可以在开发过程中完全避免这样写，但是有时代码很复杂，可能因为疏忽而先使用后定义了，此时由于变量提升的存在，代码会正常运行。当然，在开发过程中，还是要尽量避免变量先使用后声明的写法。

❖ **总结：**

解析和预编译过程中的声明提升可以提高性能，让函数可以在执行时预先为变量分配栈空间。

声明提升还可以提高 JS 代码的容错性，使一些不规范的代码也可以正常执行。

4. 变量提升导致的问题

由于存在变量提升，使用 JavaScript 来编写和其他语言相同逻辑的代码，都有可能会导致不一样的执行结果，主要有例 3-20 和例 3-21 两种情况。

例 3-20 变量被覆盖：

```
var name = "JavaScript"
function showName(){
 console.log(name);
 if(1){
  var name = "CSS"
```

```
  }
}
showName()
```

这里会输出 undefined，而没有输出 JavaScript。因为刚执行 showName 函数调用时，会创建 showName 函数的执行上下文。之后，JavaScript 引擎便开始执行 showName 函数内部的代码。首先执行的是 console.log(name)，执行这段代码需要使用变量 name，代码中有两个 name 变量：一个在全局执行上下文中，其值是 JavaScript；另一个在 showName 函数的执行上下文中，由于 if(1) 永远成立，所以 name 值是 CSS。那么应该使用哪个呢？应该先使用函数执行上下文中的变量。因为在函数执行过程中，JavaScript 会优先从当前的执行上下文中查找变量，由于存在变量提升，当前的执行上下文中包含了 if(0) 中的变量 name，其值是 undefined，所以获取到的 name 的值就是 undefined。这里输出的结果和其他支持块级作用域的语言不太一样，比如 C 语言输出的就是全局变量，因此，这里很容易造成误解。

例 3-21 变量没有被销毁：

```
function foo(){
  for (var i = 0; i < 5; i++) {
  }
  console.log(i);
}
foo()
```

使用其他大部分语言实现类似代码时，在 for 循环结束之后 i 就已经被销毁了，但是在 JavaScript 代码中，i 的值并未被销毁，所以最后打印出来的是 5。这也是由于变量提升导致的，在创建执行上下文阶段，变量 i 就已经被提升了，所以当 for 循环结束之后，变量 i 并没有被销毁。

5. 禁用变量提升

为了解决上述问题，ES 6 引入了 let 和 const 关键字，从而使 JavaScript 也能像其他语言一样拥有块级作用域。let 和 const 是不存在变量提升的。

例 3-22 用 let 来声明变量：

```
console.log(num)
let num = 1
// 输出结果: Uncaught ReferenceError: num is not defined
```

如果改成 const 声明，也会是一样的结果。用 let 和 const 声明的变量，其声明生效时机和具体代码的执行时机保持一致。

变量提升机制会导致很多误操作：那些忘记声明的变量无法在开发阶段被明显地察觉，而是以 undefined 的形式藏在代码中。为了减少运行时错误，防止 undefined 带来不可预知的问题，ES 6 特意将声明前不可用做了强约束。不过 let 和 const 还是有区别的，使用 let 关键字声明的变量值是可以被改变的，而使用 const 声明的变量值是不可以被改变的。

例 3-23 通过块级作用域来解决上述问题：

```
function fn() {
 var num = 1;
 if (true) {
   var num = 2;
   console.log(num);  // 2
 }
 console.log(num);  // 2
}
fn()
```

在这段代码中，有两个地方都定义了变量 num，即函数块的顶部和 if 的内部，由于 var 的作用范围是整个函数，所以在编译阶段会生成如图 3-8 所示的执行上下文。

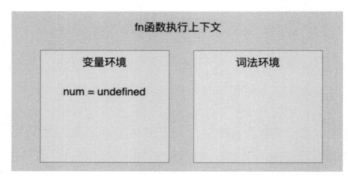

图 3-8　fn 函数执行上下文

从执行上下文的变量环境中可以看出，最终只生成了一个变量 num，函数体内所有对 num 的赋值操作都会直接改变变量环境中的 num 的值，所以上述代码最后输出的是 2。而对于相同逻辑的代码，其他语言最后一步输出的值应该是 1，这是因为在 if 里面的声明不应该影响块外面的变量。

例 3-24 将例 3-23 中的 var 关键字替换为 let 关键字：

```
function fn() {
 let num = 1;
 if (true) {
   let num = 2;
```

```
    console.log(num);  // 2
  }
  console.log(num);  // 1
}
fn()
```

例 3-24 的输出结果与预期是一致的。这是因为 let 关键字是支持块级作用域的，所以在编译阶段 JavaScript 引擎并不会把 if 中通过 let 声明的变量存放到变量环境中，这也就意味着在 if 中通过 let 声明的关键字，并不会提升到全函数可见。因此，在 if 之内打印出来的值是 2，跳出语块之后，打印出来的值就是 1 了。这就符合我们的习惯了：作用块内声明的变量不影响块外面的变量。

6. JS 如何支持块级作用域

那么问题来了，ES 6 是如何做到既要支持变量提升的特性，又要支持块级作用域的呢？下面从执行上下文的角度来看看原因。

JavaScript 引擎是通过变量环境实现函数级作用域的，那么 ES 6 又是如何在函数级作用域的基础上，实现对块级作用域的支持的呢？先看下面这段代码：

```
function fn(){
    var a = 1
    let b = 2
    {
      let b = 3
      var c = 4
      let d = 5
      console.log(a)
      console.log(b)
      console.log(d)
    }
    console.log(b)
    console.log(c)
}
fn()
```

当这段代码执行时，JavaScript 引擎会先对其进行编译，并创建执行上下文，然后再按照顺序执行代码。let 关键字会创建块级作用域，那么 let 关键字是如何影响执行上下文的呢？

(1) 创建执行上下文。

创建的执行上下文如图 3-9 所示。

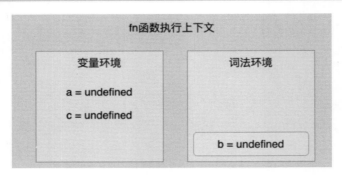

图 3-9　创建的执行上下文

通过图 3-9 可知，通过 var 声明的变量，在编译阶段会被存放到变量环境中。通过 let 声明的变量，在编译阶段会被存放到词法环境中。在函数作用域内部，通过 let 声明的变量并没有被存放到词法环境中。

(2) 执行代码。

当执行到代码块时，变量环境中 a 的值已经被设置成了 1，词法环境中 b 的值已经被设置成了 2，这时函数的执行上下文如图 3-10 所示。

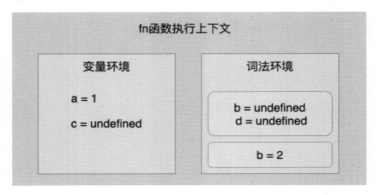

图 3-10　fn 函数的词法环境

可以看到，当进入函数的作用域块时，作用域块中通过 let 声明的变量，会被存放在词法环境中的一个单独的区域中，这个区域中的变量并不影响作用域块外面的变量，比如，在作用域外面声明了变量 b，在该作用域块内部也声明了变量 b，当执行到作用域内部时，它们都是独立存在的。

其实，在词法环境内部维护了一个栈结构，栈底是函数最外层的变量，进入一个作用域块后，就会把该作用域块内部的变量压到栈顶；当作用域执行完成之后，该作用域的信息就会从栈顶弹出，这就是词法环境的结构。这里的变量是指通过 let 或者 const 声明的变量。

接下来，当执行到作用域块中的 console.log(a)时，就需要在词法环境和变量环境中查找变量 a 的值，查找方式为：沿着词法环境的栈顶向下查询，如果在词法环境中的某个块中查找到了，就直接返回给 JavaScript 引擎；如果没有查找到，则继续在变量环境中查找。这样变量查找就完成了。

当作用域块执行结束之后，其内部定义的变量就会从词法环境的栈顶弹出，最终执行上下文如图 3-11 所示。

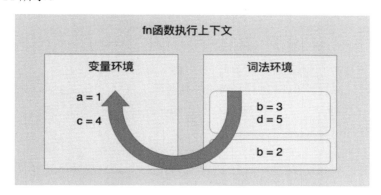

图 3-11　变量从词法环境的栈顶弹出

块级作用域就是通过词法环境的栈结构来实现的，而变量提升是通过变量环境来实现的，通过这两者的结合，JavaScript 引擎就同时支持了变量提升和块级作用域。

7. 暂时性死区

最后再来看看暂时性死区的概念：

```
var name = 'JavaScript';
{
    name = 'CSS';
    let name;
}
// 输出结果: Uncaught ReferenceError: Cannot access 'name' before initialization
```

ES 6 规定：如果区块中存在 let 和 const，这个区块对这两个关键字声明的变量从一开始就形成了封闭作用域。假如尝试在声明前使用这类变量，就会报错。这一段会报错的区域就是暂时性死区。上面代码中第 4 行上方的区域就是暂时性死区。

如果想成功引用全局的 name 变量，则需要把 let 声明去掉：

```
var name = 'JavaScript';
{
    name = 'CSS';
}
```

这时程序就能正常运行了。其实，这并不意味着引擎感知不到 name 变量的存在，恰恰相反，它感知到了，而且它清楚地知道 name 是用 let 声明在当前块里的。正因如此，它才会给这个变量加上暂时性死区的限制。一旦去掉 let 关键字，它也就不起作用了。

其实这也就是暂时性死区的本质：当程序的控制流程在新的作用域进行实例化时，在此作用域中用 let 或者 const 声明的变量会先在作用域中被创建出来，但此时还未进行词法绑定，所以是不能被访问的，如果访问就会抛出错误。因此，在运行流程进入作用域创建变量，到变量可以被访问之间的这段时间，就称为暂时性死区。

在 let 和 const 关键字出现之前，typeof 运算符是百分之百安全的，现在也会引发暂时性死区，像 import 关键字引入公共模块、使用 new class 创建类的方式，也会引发暂时性死区，究其原因，还是变量的声明先于使用：

```
typeof a    // Uncaught ReferenceError: a is not defined
let a = 1
```

可以看到，在 a 声明之前使用 typeof 关键字报错了，这就是暂时性死区导致的。

3.3 TypeScript 数据类型

在介绍 TypeScript 数据类型之前，先来看看在 TypeScript 中定义数据类型的基本语法。

在语法层面，默认类型注解的 TypeScript 与 JavaScript 完全一致。因此，可以把 TypeScript 代码的编写看作是为 JavaScript 代码添加类型注解。

在 TypeScript 语法中，类型的标注主要通过类型后置语法来实现，即"变量: 类型"。

```
let num = 996
let num: number = 996
```

在上面的代码中，第一行的语法是同时符合 JavaScript 和 TypeScript 语法的，这里隐式地定义了 num 是数字类型，不能再将 num 赋值为其他类型。而第二行代码显式地声明了变量 num 是数字类型，同样，不能再将 num 赋值为其他类型，否则就会报错。

3.3.1 基本类型

在 JavaScript 中，原始类型指的是非对象且没有方法的数据类型，包括 Number、Boolean、String、null、undefined、symbol、BigInt。它们对应的 TypeScript 类型如下。

JavaScript 原始类型	TypeScript 类型
Number	number
Boolean	boolean
String	string
null	null
undefined	undefined
symbol	symbol
BigInt	bigInt

需要注意 number 和 Number 的区别：TypeScript 中指定类型的时候要用 number，这是 TypeScript 的类型关键字。而 Number 是 JavaScript 的原生构造函数，用它来创建数值类型的值，这两个是不一样的。string、boolean 等也都是 TypeScript 的类型关键字，而不是 JavaScript 语法。

1. number

TypeScript 和 JavaScript 一样，所有数字都是浮点数，因此只有一个 number 类型。TypeScript 还支持 ES 6 中新增的二进制和八进制字面量，因此 TypeScript 支持 2、8、10 和 16 这四种进制的数值。

例 3-25 在 TypeScript 中，支持 2、8、10 和 16 这四种进制的数值：

```
let num: number;
num = 123;
num = "123";      // error 不能将类型"123"分配给类型"number"
num = 0b1111011; // 二进制的 123
num = 0o173;      // 八进制的 123
num = 0x7b;       // 十六进制的 123
```

2. string

字符串类型可以使用单引号和双引号来包裹内容，但是如果使用 TSLint 规则，会对引号进行检测，使用单引号还是双引号可以在 TSLint 规则中进行配置。除此之外，使用 ES 6 中的模板字符串来拼接变量和字符串会更方便。

例 3-26 使用模板字符串拼接变量和字符串：

```
let str: string = "Hello World";
str = "Hello TypeScript";
const first = "Hello";
const last = "TypeScript";
str = '${first} ${last}';
console.log(str) // 结果: Hello TypeScript
```

3. boolean

布尔类型变量的值只能是 true 或者 false。除此之外，赋给布尔型变量的值也可以是一个计算之后结果为布尔值的表达式。

例 3-27 布尔类型变量的值只能是 true 或者 false：

```
let bool: boolean = false;
bool = true;
let bool: boolean = !!0
console.log(bool) // false
```

4. null 和 undefined

在 JavaScript 中，undefined 和 null 是两个基本数据类型。在 TypeScript 中，undefined 和 null 既是实际的值，也是类型。这两种类型的实际用处不是很大。

例 3-28 undefined 和 null 两个基本数据类型的定义和赋值：

```
let u: undefined = undefined;
let n: null = null;
```

注意，第一行代码可能会报一个 TSLint 的错误：Unnecessary initialization to 'undefined'，就是不能将一个变量赋值为 undefined。但实际上给变量赋值为 undefined 是完全可以的，所以如果想让代码合理化，可以配置 TSLint，将 no-unnecessary-initializer 设置为 false 即可。

默认情况下，undefined 和 null 是所有类型的子类型，可以赋值给任意类型的变量，也就是说，可以把 undefined 赋值给 void 类型，也可以赋值给 number 类型。当在 tsconfig.json 的 compilerOptions 里设置"strictNullChecks": true 时，就必须严格对待了。这时 undefined 和

null 将只能赋值给它们自身或者 void 类型。这样也可以规避一些错误。

5. BigInt

BigInt 是 ES 6 中新引入的数据类型，它是一种内置对象，提供了一种方法来表示任意大的整数。使用 BigInt 可以安全地存储和操作大整数，即使这个数已经超出了 JavaScript 构造函数 Number 能够表示的安全整数范围。

我们知道，在 JavaScript 中采用双精度浮点数，这导致精度有限，比如 Number.MAX_SAFE_INTEGER 给出了可以安全递增的最大可能整数。

例 3-29 超过精度范围造成的问题：

```
const max = Number.MAX_SAFE_INTEGER;
const max1 = max + 1
const max2 = max + 2
max1 === max2    // true
```

可以看到，最终返回了 true，这就是超过精度范围造成的问题，而 BigInt 正是为解决这类问题而生的，如例 3-30 所示。

例 3-30 使用 BigInt 解决超过精度范围造成的问题：

```
const max = BigInt(Number.MAX_SAFE_INTEGER);
const max1 = max + 1n
const max2 = max + 2n
max1 === max2   // false
```

这里需要用 BigInt(number) 把 Number 转化为 BigInt，同时，如果类型是 BigInt，那么数字后面需要加 n。

在 TypeScript 中，虽然 number 和 BigInt 都表示数字，但是实际上两者的类型是完全不同的，如例 3-31 所示。

例 3-31 number 类型和 BigInt 类型的不同：

```
declare let foo: number;
declare let bar: bigint;
foo = bar; // error: Type 'bigint' is not assignable to type 'number'.
bar = foo; // error: Type 'number' is not assignable to type 'bigint'.
```

6. symbol

1) symbol 的基本使用

symbol 是 ES 6 新增的一种基本数据类型，用来表示独一无二的值，可以通过 symbol 构造函数生成。

```
const s = symbol();
typeof s; // symbol
```

注意：symbol 前面不能加 new 关键字，直接调用即可创建一个独一无二的 symbol 类型的值。

可以在使用 symbol 方法创建 symbol 类型值的时候传入一个参数，这个参数需要是一个字符串。如果传入的参数不是字符串，symbol 会先自动调用传入参数的 toString 方法转换为字符串，如例 3-32 所示。

例 3-32 symbol 会自动调用传入参数的 toString 方法转换为字符串：

```
const s1 = symbol("TypeScript");
const s2 = symbol("Typescript");
console.log(s1 === s2); // false
```

上面代码的第三行可能会报一个错误：This condition will always return 'false' since the types 'unique symbol' and 'unique symbol' have no overlap，这是因为编译器检测到这里的 s1 === s2 始终是 false，所以编译器提醒该代码写得多余，建议进行优化。

上面使用 symbol 方法创建了两个 symbol 对象，方法中都传入了相同的字符串，但是两个 symbol 值仍然是 false，这就说明 symbol 方法会返回一个独一无二的值。symbol 方法传入的这个字符串，就是方便我们区分 symbol 的值。可以调用 symbol 值的 toString 方法将它转换为字符串，如例 3-33 所示。

例 3-33 调用 symbol 值的 toString 方法将其转换为字符串：

```
const s1 = symbol("Typescript");
console.log(s1.toString());  // 'symbol(Typescript)'
console.log(Boolean(s));     // true
console.log(!s);             // false
```

在 TypeScript 中使用 symbol 就是指定一个值的类型为 symbol 类型：

```
let a: symbol = symbol()
```

TypeScript 中还有一个 unique symbol 类型，它是 symbol 的子类型，这种类型的值只能由 symbol()或 symbol.for()创建，或者通过指定类型来指定变量是这种类型。这种类型的值只能用于常量的定义和属性名。需要注意，定义 unique symbol 类型的值，必须用 const，而不能用 let。

例 3-34 在 TypeScript 中将 symbol 值作为属性名：

```
const key1: unique symbol = symbol()
let key2: symbol = symbol()
const obj = {
```

```
    [key1]: 'value1',
    [key2]: 'value2'
}
console.log(obj[key1]) // value1
console.log(obj[key2]) // error 类型 symbol 不能作为索引类型使用
```

2) symbol 作为属性名

在 ES 6 中，对象的属性是支持表达式的，可以使用一个变量来作为属性名，这对于代码的简化有很多好处，表达式必须放在大括号内。

例 3-35 使用变量作为属性名：

```
let prop = "name";
const obj = {
  [prop]: "TypeScript"
};
console.log(obj.name); // 'TypeScript'
```

symbol 也可以作为属性名，因为 symbol 的值是独一无二的，所以当它作为属性名时，不会与其他任何属性名重复。当需要访问这个属性时，只能使用这个 symbol 值来访问(必须使用方括号形式来访问)。

例 3-36 使用 symbol 作为属性名：

```
let name = symbol();
let obj = {
  [name]: "TypeScript"
};
console.log(obj); // { symbol(): 'TypeScript' }
console.log(obj[name]); // 'TypeScript'
console.log(obj.name);  // undefined
```

在使用 obj.name 访问时，实际上是字符串 name，这和访问普通字符串类型的属性名是一样的，要想访问属性名为 symbol 类型的属性，必须使用方括号。方括号中的 name 才是我们定义的 symbol 类型的变量 name。

3) symbol 属性名遍历

使用 symbol 类型值作为属性名，这个属性不会被 for...in 遍历到，也不会被 Object.keys()、Object.getOwnPropertyNames()、JSON.stringify()等方法获取。

例 3-37 使用 symbol 作为属性名时不会被 for...in 遍历到：

```
const name = symbol("name");
const obj = {
  [name]: "TypeScript",
  age: 18
```

```
};
for (const key in obj) {
  console.log(key);
} // 'age'
console.log(Object.keys(obj)); // ['age']
console.log(Object.getOwnPropertyNames(obj)); // ['age']
console.log(JSON.stringify(obj)); // '{ "age": 18 }
```

虽然这些方法都不能访问 symbol 类型的属性名，但是 symbol 类型的属性并不是私有属性，可以使用 Object.getOwnPropertysymbols 方法获取对象的所有 symbol 类型的属性名。

例 3-38 使用 Object.getOwnPropertysymbols 方法获取对象的所有 symbol 类型的属性名：

```
const name = symbol("name");
const obj = {
  [name]: "TypeScript",
  age: 18
};
const symbolPropNames = Object.getOwnPropertysymbols(obj);
console.log(symbolPropNames); // [ symbol(name) ]
console.log(obj[symbolPropNames[0]]); // 'TypeScript'
```

除了这个方法，还可以使用 ES 6 提供的 Reflect 对象的静态方法 Reflect.ownKeys，它可以返回所有类型的属性名，symbol 类型的也会返回。

例 3-39 使用 Reflect.ownKeys 方法获取对象的所有类型的属性名：

```
const name = symbol("name");
const obj = {
  [name]: "TypeScript",
  age: 18
};
console.log(Reflect.ownKeys(obj)); // [ 'age', symbol(name) ]
```

4）symbol 静态方法

symbol 包含两个静态方法：for 和 keyFor。

（1）symbol.for()。

用 symbol 创建的 symbol 类型的值都是独一无二的。使用 symbol.for 方法传入字符串，会先检查有没有使用该字符串调用 symbol.for 方法创建的 symbol 值。如果有，返回该值；如果没有，则使用该字符串新建一个。使用该方法创建 symbol 值后，会在全局范围进行注册。

例 3-40 使用 symbol.for 方法在全局范围注册 symbol 值：

```
const iframe = document.createElement("iframe");
iframe.src = String(window.location);
document.body.appendChild(iframe);
iframe.contentWindow.symbol.for("TypeScript") === symbol.for("TypeScript");
// true
```

注意：如果在 JavaScript 环境中，这段代码是没有问题的，但是如果在 TypeScript 开发环境中，可能会报错：类型 Window 上不存在属性 symbol。因为这里编译器推断出 iframe.contentWindow 是 Window 类型，但是 TypeScript 的声明文件中，对 Window 的定义缺少 symbol 这个字段，所以会报错。

上面代码中，创建了一个 iframe 节点并把它放在 body 中，通过这个 iframe 对象的 contentWindow 拿到这个 iframe 的 window 对象，在 iframe.contentWindow 上添加一个值，就相当于在当前页面中定义了一个全局变量。可以看到，在 iframe 中定义的键为 TypeScript 的 symbol 值和在当前页面定义的键为 'TypeScript' 的 symbol 值相等，说明它们是同一个值。

(2) symbol.keyFor()。

该方法传入一个 symbol 值，返回该值在全局注册的键名。

例 3-41 使用 symbol.keyFor 方法返回该值在全局注册的键名：

```
const sym = symbol.for("TypeScript");
console.log(symbol.keyFor(sym)); // 'TypeScript'
```

3.3.2 复杂基础类型

复杂基础类型包括 JavaScript 中的数组，以及 TypeScript 中新增的元组、枚举、void、never、unknown。

1. 数组

在 TypeScript 中有两种定义数组的方式。

(1) 直接定义：通过 number[] 的形式指定类型元素均为 number 类型的数组类型，推荐使用这种写法。

(2) 数组泛型：通过 Array 的形式来定义，使用这种形式定义时，TSLint 可能会警告让我们使用第一种形式定义，可以通过在 tslint.json 的 rules 中加入 "array-type": [false]来关闭 TSLint 的这条规则。

再来看如下语句：

```
let list1: number[] = [1, 2, 3];
let list2: Array<number> = [1, 2, 3];
```

以上两种定义数组类型的方式虽然本质上没有任何区别，但是更推荐使用第一种形式来定义。一方面可以避免与 JSX 语法冲突，另一方面可以减少代码量。

> **注意**：这两种写法中的 number 指定的是数组元素的类型，也可以在这里将数组的元素指定为其他任意类型。如果要指定一个数组里的元素既可以是数值也可以是字符串，那么可以使用这种方式：number|string[]。

2. 元组

在 JavaScript 中没有元组的概念，作为一门动态类型语言，它的优势是支持多类型元素数组。但是出于较好的扩展性、可读性和稳定性考虑，我们通常会把不同类型的值通过键值对的形式塞到一个对象中，再返回这个对象，而不是使用没有任何限制的数组。TypeScript 的元组类型正好弥补了这个不足，使得定义包含固定个数元素、每个元素类型未必相同的数组成为可能。

元组可以看作数组的扩展，它表示已知元素数量和类型的数组，特别适合用来实现多值返回。确切地说，就是已知数组中每一个位置上的元素的类型，可以通过元组的索引为元素赋值。

例 3-42 通过元组的索引为元素赋值：

```
let arr: [string, number, boolean];
arr = ["a", 2, false]; // success
// error, 不能将类型 number 分配给类型 string, 不能将类型 string 分配给类型 number
arr = [2, "a", false];
arr = ["a", 2]; // error
arr[1] = 996
```

可以看到，定义的 arr 元组中，元素个数和元素类型都是确定的，当为 arr 赋值时，各个位置上的元素类型都要对应，元素个数也要一致。

当访问元组元素时，TypeScript 也会对元素做类型检查，如果元素是一个字符串，那么它只能使用字符串方法，如果使用别的类型的方法，就会报错。

3. 枚举

TypeScript 在 ES 原有类型的基础上加入了枚举类型，使得在 TypeScript 中也可以给一组数值赋名，这样对开发者比较友好。枚举类型使用 enum 来定义：

```
enum Roles {
  SUPER_ADMIN,
  ADMIN,
  USER
}
```

上面定义了枚举类型 Roles，它有三个值，TypeScript 会为每个值分配编号，默认从 0 开始，在使用时，就可以使用名字，而不需要记数字和名称的对应关系。

除此之外，还可以修改编号，让 SUPER_ADMIN = 1，这样后面的编号就分别是 2 和 3。当然还可以给编号赋予不同的、不按顺序排列的编号。

例 3-43 给每个枚举值赋予不同的、不按顺序排列的编号：

```
enum Roles {
  SUPER_ADMIN = 1,
  ADMIN = 3,
  USER = 7
}
```

4. void

void 和 any 相反，any 表示任意类型，而 void 表示没有类型，就是什么类型都不是。这在定义函数并且函数没有返回值时会用到：

```
const consoleText = (text: string): void => {
  console.log(text);
};
```

注意：void 类型的变量只能赋值为 undefined 和 null，其他值不能赋值给 void 类型的变量。

5. never

never 表示永远不存在值的类型，它是那些总会抛出异常或根本不会有返回值的函数表达式的返回值类型，当变量被永不为真的类型保护所约束时，该变量也是 never 类型。

下面的函数总是会抛出异常，所以它的返回值类型是 never，用来表明它的返回值是不存在的：

```
const errorFunc = (message: string): never => {
  throw new Error(message);
};
```

6. unknown

unknown 是 TypeScript 3.0 版本新增的类型，主要用来描述类型并不确定的变量。它看起来和 any 很像，但还是有区别的，unknown 相对于 any 更安全。

例 3-44 any 类型的方法：

```
let value: any
console.log(value.name)
console.log(value.toFixed())
console.log(value.length)
```

例 3-44 中的语句都不会报错，因为 value 是 any 类型，所以后面三个操作都有合法的情况。当 value 是一个对象时，访问 name 属性是没问题的；当 value 是数值类型时，调用 toFixed 方法没问题；当 value 是字符串或数组时，获取它的 length 属性也是没问题的。

当指定值为 unknown 类型的时候，如果没有缩小类型范围，是不能对它进行任何操作的。总之，unknown 类型的值不能随便操作。

例 3-45 类型范围缩小：

```
function getValue(value: unknown): string {
  if (value instanceof Date) {
    return value.toISOString();
  }
  return String(value);
}
```

例 3-45 把 value 的类型缩小在 Date 实例的范围，所以使用了 value.toISOString()，也就是使用 ISO 标准将 Date 对象转换为字符串。

关于 unknown 类型，在使用时需要注意以下几点。

(1) 任何类型的值都可以赋值给 unknown 类型。

(2) unknown 不可以赋值给其他类型，只能赋值给 unknown 和 any 类型。

(3) unknown 类型的值不能进行任何操作。

(4) 只能对 unknown 进行等或不等操作，不能进行其他操作。

3.3.3 对象类型

在 JavaScript 中，object 是引用类型，用于存储值的引用。在 TypeScript 中，当想让一个变量或者函数的参数的类型是一个对象的形式时，可以使用 object 类型。

例 3-46 对象类型的使用：

```
let obj: object
obj = { name: 'TypeScript' }
console.log(obj.name)
```

3.3.4   任意类型

在编写代码时，有时并不清楚一个值是什么类型，这时就需要用到 any 类型，它是一个任意类型，定义为 any 类型的变量就会绕过 TypeScript 的静态类型检测。对于声明为 any 类型的值，可以对其进行任何操作，包括获取事实上并不存在的属性、方法，并且 TypeScript 无法检测其属性是否存在、类型是否正确。

可以将一个值定义为 any 类型，也可以在定义数组类型时使用 any 来指定数组中的元素为任意类型。

例 3-47 使用 any 来指定数组中的元素为任意类型：

```
let value: any;
value = 123;
value = "abc";
value = false;
const array: any[] = [1, "a", true];
```

any 类型会在对象的调用链中进行传导，即 any 类型对象的任意属性的类型都是 any。

例 3-48 any 类型在对象的调用链中进行传导：

```
let obj: any = {};
let z = obj.x.y.z;     // z 的类型是 any，不会报错
z();                   // success
```

注意：不要滥用 any 类型，如果代码中充满了 any 类型，那么 TypeScript 和 JavaScript 就毫无区别了，因此除非有充足的理由，否则应该尽量避免使用 any 类型，并且应开启禁用隐式 any 类型的设置。

3.3.5   联合类型

联合类型表示取值可以为多种类型中的一种，联合类型的变量在被赋值的时候，会根据类型推论的规则推断出一个类型，联合类型用"|"分隔每个类型。

例 3-49 联合类型的使用：

```
let myFavoriteNumber: string | number;
myFavoriteNumber = 'two';
myFavoriteNumber = 2;
```

上面例子的含义是允许 myFavoriteNumber 的类型是 string 或者 number，但是不能是其他类型。

当 TypeScript 不确定一个联合类型的变量到底是哪种类型的时候，我们只能访问此联合类型中所有类型共有的属性或方法：

```
function getLength(something: string | number):number {
    return something.length;
}
```

由于 length 不是 string 和 number 的公共属性，所以会报错。访问 string 和 number 的公共属性是没有问题的：

```
function getString(something: string | number):string {
    return something.toString();
}
```

3.3.6 交集类型

交集类型的出现主要是为了组合多个对象类型(object type)，因为相对于 interface，object type 没法继承，那么就可以通过 union type 来实现混合，从而实现继承的功能。

例 3-50 交集类型的使用：

```
type objtype1 = {a: string}
type objtype2 = {b: string}
type objtype = objtype1 & objtype2

function logObj(obj: objtype) {
    console.log(obj.a, obj.b)
}
```

经过 objtype1 和 objtype2 交叉，objtype 变成了 {a: string, b: string}。

3.4 强大的面向对象体系

面向对象是一个非常重要的思想，面向对象很简单，就是程序中所有的操作都需要通过对象来完成。举例如下。

(1) 操作浏览器要使用 window 对象。

(2) 操作网页要使用 document 对象。

(3) 操作控制台要使用 console 对象。

一切操作都要通过对象，也就是所谓的面向对象。那么对象到底是什么呢？

这就要先说说程序是什么。计算机程序的本质就是对现实事物的抽象，抽象的反义词是具体，比如，照片是对一个具体的人的抽象，汽车模型是对具体的汽车的抽象等。程序也是对事物的抽象，在程序中我们可以表示一个人、一条狗、一把枪、一颗子弹等所有的事物。而一个事物到了程序中就变成了一个对象。

在程序中，所有的对象都被分成了两个部分：数据和功能。以人为例，人的姓名、性别、年龄、身高、体重等属于数据；人可以说话、走路、吃饭、睡觉，这些属于人的功能。数据在对象中被称为属性，而功能就被称为方法。所以简而言之，在程序中一切皆是对象。

3.4.1 类

类本质上是一个函数；类本身就指向自己的构造函数。

一个类必须有 constructor 方法，如果没有显式定义，会默认添加一个空的 constructor 方法：

```
class 类名 {
    属性名: 类型;
    constructor(参数: 类型){
        this.属性名 = 参数;
    }
    方法名(){
        ....
    }
}
```

例 3-51 定义一个 Person 类：

```
class Person{
    name: string;
    age: number;
    constructor(name: string, age: number){
        this.name = name;
        this.age = age;
    }
    sayHello(){
        console.log('大家好，我是${this.name}');
    }
}
```

例 **3-52** 使用 Person 类：

```
const p = new Person('孙悟空', 18);
p.sayHello();
```

3.4.2 接口

接口的作用类似于抽象类，不同点在于接口中的所有方法和属性都是没有实值的，换句话说，接口中的所有方法都是抽象方法。接口主要负责定义一个类的结构，对象只有包含接口中定义的所有属性和方法时才能匹配接口。同时，可以用类去实现接口，实现接口时，类中要包括接口中的所有属性。

例 **3-53** 检查对象类型：

```
interface Person{
    name: string;
    sayHello():void;
}
function fn(per: Person){
    per.sayHello();
}
fn({name:'孙悟空', sayHello() {console.log('Hello, 我是 ${this.name}')}});
```

3.4.3 演示接口的使用

接口需要被类继承后才能实现。

例 **3-54** 接口的实现：

```
interface Person{
    name: string;
    sayHello():void;
}
class Student implements Person{
    constructor(public name: string) {
    }
    sayHello() {
        console.log('大家好，我是'+this.name);
    }
}
```

3.4.4 泛型

定义一个函数或类时，有些情况下无法确定其中要使用的具体类型(如返回值、参数、属性的类型不能确定)，此时泛型便能够发挥作用。

例 3-55 函数有一个参数类型不确定:

```
function test(arg: any): any{
    return arg;
}
```

在例 3-55 中，test 函数有一个参数类型不确定，但能确定的是，其返回值的类型和参数的类型是相同的。由于类型不确定，所以参数和返回值均使用了 any，但是很明显，这样做是不合适的。首先，使用 any 会关闭 TS 的类型检查，其次，这样设置也不能体现出参数和返回值是相同的类型，因此要使用泛型:

```
function test<T>(arg: T): T{
    return arg;
}
```

这里的<T>就是泛型，T 是我们给这个类型起的名字(不一定非叫 T)，设置泛型后即可在函数中使用 T 来表示该类型。所以泛型其实很好理解，就表示某个类型。

3.4.5 演示泛型的使用

1. 直接使用

```
test(10)
```

使用时可以直接传递参数，类型会由 TS 自动推断出来，但当编译器无法自动推断时还需要使用下面的方式。

2. 指定类型

```
test<number>(10)
```

使用泛型时，完全可以将泛型当成一个普通的类。

3.5 TypeScript 的命名空间

为确保创建的变量不会泄露至全局变量中，我们以前曾采用下面这种代码组织形式：

```
(function(someObj){
    someObj.age = 18;
})(someObj || someObj = {});
```

但在基于文件模块的项目中，无须担心泄露问题，上面的代码适合用于合理的函数逻辑分组中，TypeScript 中提供了 namespace 关键字，在 TypeScript 编译器进行编译后，命名空间也就被编译成了上面示例的代码。

3.5.1 声明命名空间

空间定义了标识符的可见范围，一个标识符可在多个命名空间中定义，并且在不同的命名空间中的定义互不干扰。在一个新的命名空间中可以定义任何标识符，它们不会与任何已有的标识符发生冲突，因为已有的定义都处于其他命名空间中。

在 TypeScript 中，命名空间使用 namespace 来定义。

例 3-56 使用 namespace 关键字定义名为 Tools 的命名空间，在命名空间内部定义变量、函数表达式、函数声明、接口和类等：

```
namespace Tools {
  var count = 0
  var add = function () {}
  function minus () {}
  interface Student {}
  class Animal {}
}
```

3.5.2 命名空间体

TypeScript 的命名空间只对外暴露需要在外部访问的对象，命名空间内的对象通过 export 关键字对外暴露。

例 3-57 在 utils.ts 的文件里声明一个命名空间体：

```
// utils.ts
namespace Utils {
```

```
export interface IPerson {
    name: string;
    age: number;
  }
}
```

3.5.3　导入声明

导入声明有两种方式，一种是传统的导入方式，另一种是使用增加别名的导入方式。

(1) 传统导入方式：

```
import { odd } from './odd'
```

(2) 增加别名导入方式：

```
import { odd as oodd } from './odd'
```

3.5.4　导出声明

最常见的导出声明方式有两种，一种是先声明完再导出，另一种是在声明时导出。

1. 先声明再导出

导出语句是 export {something1, something2}，花括号中的 something 就是要导出的变量/类/函数或其他数据类型，如果有多个要导出的内容，就用逗号隔开。

例 3-58　先声明再导出：

```
// OnlyOneEarth.ts
class Earth{
   name: string = 'earth';
   rotation(){
      let oneday: string = 'A rotation takes 24 hours.';
      console.log(oneday);
   }
}
let human: string = 'Human being lives on Earth.';
export {Earth, human};
```

2. 在声明时导出

声明时导出不用花括号，直接在声明语句最前边加上 export 关键字就行。

例 3-59 在声明时导出：

```
// ExploringMars.ts
export class Mars{
    name: string = 'Mars';
    status: string = 'China will explore Mars in the following several decades.';
}
export function exploring(){
    console.log('Launching Changzheng-5 rocket.');
    console.log('Add oil, 胖五.');
}
```

3.5.5 合并声明

1. 介绍

TypeScript 中有些独特的概念可以在类型层面描述 JavaScript 对象的模型。这其中尤为独特的一个概念是"声明合并"。理解了这个概念，将有助于操作现有的 JavaScript 代码。同时，也会有助于理解更多高级抽象的概念。

"声明合并"是指编译器将针对同一个名字的两个独立声明合并为一个声明。合并后的声明同时拥有原先两个声明的特性。可以合并任何数量的声明，不局限于两个声明。

2. 基础概念

TypeScript 中可以声明创建三种实体：命名空间、类型或值。创建命名空间的声明会新建一个命名空间，包含用"."符号访问时使用的名字。创建类型的声明是：用声明的模型创建一个类型并绑定到给定的名字上。最后，创建值的声明会创建在 JavaScript 输出中看到的值。

理解每个声明创建了什么，有助于理解当声明合并时有哪些东西被合并了。

3. 合并接口

最简单、最常见的声明合并类型是接口合并。从根本上说，合并的机制是把双方的成员放到一个同名的接口里。

例 3-60 合并接口：

```
interface Box {
    height: number;
    width: number;
}
```

```
interface Box {
    scale: number;
}
let box: Box = {height: 5, width: 6, scale: 10};
```

接口的非函数成员应该是唯一的。如果它们不是唯一的,那么它们必须是相同的类型。如果两个接口中同时声明了同名的非函数成员且它们的类型不同,则编译器会报错。

对于函数成员,每个同名函数声明都会被当成这个函数的一个重载。同时需要注意,当接口 A 与后来的接口 A 合并时,后面的接口具有更高的优先级。

例 3-61 合并接口的优先级:

```
interface Cloner {
    clone(animal: Animal): Animal;
}

interface Cloner {
    clone(animal: Sheep): Sheep;
}

interface Cloner {
    clone(animal: Dog): Dog;
    clone(animal: Cat): Cat;
}
```

这三个接口合并成一个声明:

```
interface Cloner {
    clone(animal: Dog): Dog;
    clone(animal: Cat): Cat;
    clone(animal: Sheep): Sheep;
    clone(animal: Animal): Animal;
}
```

注意,每组接口里的声明顺序保持不变,但各组接口之间的顺序是后来的接口重载出现在靠前位置。

这个规则有一个例外,就是当出现特殊的函数签名时,如果签名里有一个参数的类型是单一的字符串字面量(比如,不是字符串字面量的联合类型),那么它将会被提升到重载列表的最顶端。

例 3-62 接口会合并到一起:

```
interface Document {
    createElement(tagName: any): Element;
}
interface Document {
```

```
    createElement(tagName: "div"): HTMLDivElement;
    createElement(tagName: "span"): HTMLSpanElement;
}
interface Document {
    createElement(tagName: string): HTMLElement;
    createElement(tagName: "canvas"): HTMLCanvasElement;
}
```

合并后的 Document 将会像下面这样：

```
interface Document {
    createElement(tagName: "canvas"): HTMLCanvasElement;
    createElement(tagName: "div"): HTMLDivElement;
    createElement(tagName: "span"): HTMLSpanElement;
    createElement(tagName: string): HTMLElement;
    createElement(tagName: any): Element;
}
```

4. 合并命名空间

与接口相似，同名的命名空间也会合并其成员。命名空间会创建空间和赋值，我们需要知道它们是怎么合并的。

对于命名空间的合并，模块导出的同名接口进行合并，构成单一命名空间，内含合并后的接口。

对于命名空间里值的合并，如果当前已经存在给定名字的命名空间，那么后来的命名空间的导出成员会被加到已经存在的那个模块里。

例 3-63 Animals 声明合并：

```
namespace Animals {
    export class Zebra { }
}

namespace Animals {
    export interface Legged { numberOfLegs: number; }
    export class Dog { }
}
```

等同于：

```
namespace Animals {
    export interface Legged { numberOfLegs: number; }
    export class Zebra { }
    export class Dog { }
}
```

除了这些合并外，还需要了解非导出成员是如何处理的。非导出成员仅在其原有的(合并前的)命名空间内可见。也就是说，合并之后，从其他命名空间合并进来的成员无法访问非导出成员。

例 3-64 Animal 声明合并：

```
namespace Animal {
   let haveMuscles = true;
   export function animalsHaveMuscles() {
      return haveMuscles;
   }
}

namespace Animal {
   export function doAnimalsHaveMuscles() {
      return haveMuscles;  // 错误，因为这里不能访问 haveMuscles
   }
}
```

因为 haveMuscles 并没有导出，只有 animalsHaveMuscles 函数共享了原始未合并的命名空间，所以可以访问这个变量。而 doAnimalsHaveMuscles 函数虽然是合并命名空间的一部分，但访问不了未导出的成员。

(1) 命名空间与类、函数及枚举类型合并。

命名空间可以与其他类型的声明进行合并，只要命名空间的定义符合将要合并类型的定义，合并结果就包含两者的声明类型。TypeScript 使用这个功能去实现 JavaScript 里的一些设计模式。

(2) 合并命名空间和类。

利用这个方法可以表示内部类：

```
class Album {
   label: Album.AlbumLabel;
}
namespace Album {
   export class AlbumLabel { }
}
```

合并规则与上面合并命名空间小节里讲的规则一致，必须导出 AlbumLabel 类，以使合并的类能访问。合并结果是一个类，并带有一个内部类。也可以使用命名空间为类增加一些静态属性。

除了内部类的模式，在 JavaScript 里，创建一个函数稍后进行扩展，增加一些属性，也是很常见的。TypeScript 使用声明合并来达到这个目的并保证类型安全：

```
function buildLabel(name: string): string {
    return buildLabel.prefix + name + buildLabel.suffix;
}

namespace buildLabel {
    export let suffix = "";
    export let prefix = "Hello, ";
}
console.log(buildLabel("Sam Smith"));
```

例 3-65 用命名空间来扩展枚举类型：

```
enum Color {
    red = 1,
    green = 2,
    blue = 4
}
namespace Color {
    export function mixColor(colorName: string) {
        if (colorName == "yellow") {
            return Color.red + Color.green;
        }
        else if (colorName == "white") {
            return Color.red + Color.green + Color.blue;
        }
        else if (colorName == "magenta") {
            return Color.red + Color.blue;
        }
        else if (colorName == "cyan") {
            return Color.green + Color.blue;
        }
    }
}
```

3.6 TypeScript 模块

从 ES 6 开始，JavaScript 中引入了模块的概念，而作为超集的 TypeScript 也沿用了这一概念。在 TypeScript 1.5 版本以前分为"内部模块"和"外部模块"。而从 1.5 版本以后已经发生了变化，"内部模块"改名为"命名空间"，"外部模块"则是我们常说的"模块"。

3.6.1 了解模块

模块只在自身的作用域里执行，而不是在全局作用域。也就是说，定义在一个模块里的变量、函数或类等，在模块的外部是不可见的，除非我们明确地使用 export 关键字导出它们。相应地，如果想在其他模块中使用这些被导出的变量、函数或类等，需要用 import 关键字来导入它们。

　　TypeScript 中的模块跟 JavaScript 中的一样，也是自声明的，任何包含顶级 import 或者 export 的文件都会被当成一个模块。相反，如果一个文件中不带有顶级的 import 或者 export 声明，那么它的内容就是全局可见的(包括模块)。

3.6.2　导入声明

　　只需要通过关键字 import 就可以将模块或者内容导入了。模块的导入有以下几种方式。

　　(1) 按导出内容导入：按导出内容导入需要借助花括号"{}"来实现。例如，import {内容} from '模块名'，花括号中的内容名称必须与模块导出的名称一致，也就是说，导出时是什么名称，导入时也得用这个名称，多个内容可用逗号分隔，一起导入。

　　(2) 重命名导入：重命名导入就是将其他模块导出的内容进行重命名，并借助花括号实现。如 import {内容 as 别名} from '模块名'。

　　(3) 变量导入：所谓的变量导入，其实就是将整个模块导入一个变量中，然后再通过变量来访问模块中的具体内容。如 import * as 变量 from '模块名'。

　　(4) 副作用导入：所谓的副作用导入，其实是一种不推荐的导入法，比如有些时候，有些模块会设置一些全局状态供其他模块使用，这些模块没有用 export 导出，但又需要让其他模块使用，这个时候就可以使用副作用导入。如 import '模块名'。

　　(5) 默认导入：默认导入就是导入其他模块中默认导出的内容，不需要使用花括号 {}，可以直接通过关键字 import 进行导入，并且导入用的名称也可以与导出的名称不同。

3.6.3　导入 Require 声明

　　在 CommonJS 和 AMD 模块中都有一个名为 exports 的变量，这个变量可被赋值为一个对象。这种情况类似于默认导出(export default)语法。虽然类似，但是 TypeScript 并不能兼容 CommonJS 和 AMD 的 exports 语法。为了能够支持 CommonJS 和 AMD 语法，TypeScript 提供了一种新的导出、导入语法，即 export = xxx，import xxx = require(模块名)。

　　如果使用 export = xxx 的形式导出模块，则必须使用 import xxx = require(模块名)的形式导入。

3.6.4 导出声明

TypeScript 使用 export 导出声明，而且能够导出的不仅有变量、函数、类，还包括 TypeScript 特有的类型别名和接口。

例 3-66 使用 export 导出声明：

```
// funcInterface.ts
export interface Func {

  (arg: number): string;
}
export class C {

  constructor() {
    }
}
class B {
    }
export {
    B };
export {
    B as ClassB };
```

例 3-66 中，可以使用 export 直接导出一个声明，也可以先声明一个类或者其他内容，然后使用 export {}的形式导出，还可以使用 as 为导出的接口换个名字再导出。

3.6.5 导出分配

TypeScript 可以将代码编译为 CommonJS、AMD 或其他模块系统代码，同时会生成对应的声明文件。CommonJS 和 AMD 两种模块系统的语法是不兼容的，所以 TypeScript 为了兼容这两种语法，使得我们编译后的声明文件同时支持这两种模块系统，增加了 export = xxx 和 import xxx = require()两个语句。

在导出一个模块时，可以使用 export = xxx 来导出：

```
// moduleC.ts
class C {
    }
export = C;
```

使用上面形式导出的模块，必须使用 import xxx = require()来导入：

TypeScript 基础 第 3 章

```
// main.ts
import ClassC = require("./moduleC");
const c = new ClassC();
```

如果模块不需要同时支持这两种模块系统，可以不使用 export = xxx 来导出内容。

3.6.6　了解 CommonJS 模块

每个模块都是一个局部环境，在模块内定义的变量、函数、类都是私有的，在其他文件内不可见。

要想在多个文件中分享变量，必须定义为 global 对象的属性，即 global.isTrue=true，这样可以被全局引用。有需要时，可以统一一份全局文件或者环境变量去使用，以方便维护。

模块有"入口"和"出口"：模块可以比喻为一个超市，超市从批发市场引入(import)一堆商品来售卖(export)，人们从超市获取(require)这些商品。

1. CommonJS 实现了以下几点

(1) 所有代码都在模块作用域运行，不会污染全局作用域(源码中，module 外层是一个函数，执行这个函数会导出 exports 对象)。

(2) 模块可以多次加载，但是只会在第一次加载时运行一次，然后运行结果就被缓存了，以后再加载，就直接读取缓存结果。要想让模块再次运行，必须清除缓存(所以代码文件有改动的话，需要重新启动程序)。

(3) 模块按照其在代码中出现的顺序进行加载。

2. module 对象

Node 内部提供了一个 Module 构建函数，所有模块都是 Module 的实例：

```
function Module(id, parent) {
  this.id = id;
  this.exports = {};
  this.parent = parent;
```

3. module 属性

(1) module.id：模块的识别符，通常是带有绝对路径的模块文件名。

(2) module.filename：模块的文件名，带有绝对路径。

(3) module.loaded：返回一个布尔值，表示模块是否已经完成加载。

(4) module.parent：返回一个对象，表示调用该模块的模块(判断是否为入口脚本，值为

null，则是入口脚本)。

(5) module.children：返回一个数组，表示该模块要用到的其他模块。

(6) module.exports：表示模块对外输出的值。

例 3-67 使用模块对外输出的值：

```
var jquery = require('jquery');
exports.$ = jquery;
console.log(module);
```

输出：

```
{
  id: '.',
  exports: { '$': [Function] },
  parent: null,
  filename: '/path/to/example.js',
  loaded: false,
  children: [
    {
      id: '/path/to/node_modules/jquery/dist/jquery.js',
      exports: [Function],
      parent: [Circular],
      filename: '/path/to/node_modules/jquery/dist/jquery.js',
      loaded: true,
      children: [],
      paths: [Object]
    }
  ],
  paths:[
    '/home/user/deleted/node_modules',
    '/home/user/node_modules',
    '/home/node_modules',
    '/node_modules'
  ]
}
```

4. exports 变量

Node 为每个模块提供一个 exports 变量，指向 module.exports。这等同于在每个模块头部有一行这样的命令：

```
var exports = module.exports;
```

3.6.7 了解 AMD 模式

定义模块的 define 方法和调用模块的 require 方法，合称为 AMD 模式。该模式定义模块的方法清晰且不会污染全局环境，能够清楚地显示依赖关系；允许异步加载模块，也可以根据需要动态加载模块。

3.7 装饰器

装饰器是一种特殊类型的声明，能够被附加到类声明、属性、访问符、方法或方法参数上。装饰器使用 @expression 这种形式，expression 求值后必须为一个函数，会在运行时被调用，被装饰的声明信息作为参数传入。

3.7.1 定义装饰器

定义一个应用到声明上的装饰器，需要写一个装饰器工厂函数。装饰器工厂就是一个简单的函数，它返回一个表达式，以供装饰器在运行时调用。可以通过下面的例子来定义一个装饰器工厂函数。

例 3-68 定义装饰器：

```
function color(value: string) {    // 这是一个装饰器工厂
    return function (target) {      //  这是装饰器
      // ...
    }
}
```

3.7.2 了解装饰器的执行时机

在 TypeScript 中，装饰器的执行顺序为：首先执行属性装饰器，其次执行方法装饰器，然后是方法参数装饰器，最后是类装饰器。如果同一个类型的装饰器有多个，总是先执行后面的装饰器。

例 3-69 装饰器的执行时机：

```
// 类装饰器1
function logClass1(params:string){
    return function(target:any){
```

```
        console.log('类装饰器 1')
    }
}
// 类装饰器 2
function logClass2(params:string){
    return function(target:any){
        console.log('类装饰器 2')
    }
}
// 属性装饰器
function logAttribute(params?:string){
    return function(target:any,attrName:any){
        console.log('属性装饰器')
    }
}
// 方法装饰器
function logMethod(params?:string){
    return function(target:any,methodName:any,desc:any){
        console.log('方法装饰器')
    }
}
// 方法参数装饰器 1
function logParmas1(params?:string){
    return function(target:any,methodName:any,paramsIndex:any){
        console.log('方法参数装饰器 1')
    }
}
// 方法参数装饰器 2
function logParmas2(params?:string){
    return function(target:any,methodName:any,paramsIndex:any){
        console.log('方法参数装饰器 2')
    }
}
@logClass1('www.baidu.com')
@logClass2('www.qq.com')
class HttpClient{
    @logAttribute()
    public url:string | undefined;
    constructor(){}
    @logMethod()
    getData(){}
    setData(@logParmas1() attr1:any,@logParmas2() attr2:any){
    }
}
var http = new HttpClient();
// 属性装饰器
// 方法装饰器
```

```
// 方法参数装饰器 2
// 方法参数装饰器 1
// 类装饰器 2
// 类装饰器 1
```

3.7.3　认识 4 类装饰器

(1) 类装饰器(Class Decorator)：类装饰器在类声明之前被声明(紧靠着类声明)，类装饰器可以拦截类的构造函数 constructor，这使得我们可以通过结合传入的 metadata，来确定类在运行时是如何被处理、实例化以及使用的。

(2) 属性装饰器(Property Decorator)：属性装饰器在一个属性声明之前声明(紧靠着属性声明)，我们可以使用它来劫持属性的 getter 和 setter。

(3) 方法装饰器(Method Decorator)：方法装饰器在一个方法的声明之前声明(紧靠着方法声明)。它会被应用到方法的属性描述符上，可以用来监视、修改或者替换方法定义。

(4) 参数装饰器(Parameter Decorator)：参数装饰器在一个参数声明之前声明(紧靠着参数声明)，参数装饰器应用于类构造函数或方法声明，但参数装饰器的返回值会被忽略。

3.8　小结

在本章中，我们对 TypeScript 的基础知识有了比较详细的了解，足以应对日常使用。本章也对不常用的装饰器等进行了介绍，了解特殊情况也是比较重要的一环，因为最难的往往就是日常使用时无法触及的特殊情况。TypeScript 作为 Vue.js 中很重要的一部分，从 Vue 3.0 开始，前端三大主流框架已经全部支持 TypeScript，TypeScript 的内容较多，而且日常开发中基本上都会用到。本章从 TypeScript 的概念到 TypeScript 的变量定义，再到 TypeScript 的数据类型、TypeScript 的命名空间和装饰器都做了介绍，将这些知识点融会贯通，应用到实际工作中，将会方便我们开发网页，这也就是学习的目的。

mesh_ob.x = true

election at the end -add back the deselected mirror modifier object
r_ob.select= 1
fier_ob.select=1
context.scene.objects.active = modifier_ob
t("Selected" + str(modifier_ob)) # modifier ob is the active ob
#mirror_ob.select = 0
= bpy.context.selected_objects[0]
.data.objects[one.name].select = 1

print("please select exactly two objects, the last one gets the modifier unless

---- OPERATOR CLASSES ---------------------------

:types.Operator):
an X mirror to the selected object"""
"object.mirror_mirror_x"
Mirror X"

第 4 章

Vue.js 应用实例

Vue 应用实例是 Vue.js 中最基本的单元。每个 Vue 应用都是从用 createApp 函数创建一个新的应用实例开始的。本章将从应用实例的创建、应用实例的选项、三种软件设计模型和应用实例的生命周期等方面来详细地介绍 Vue.js 的应用实例。

4.1 创建应用实例

每个 Vue 应用都是通过用 createApp 函数创建一个新的应用实例开始的，该应用实例是用来在应用中注册"全局"组件的：

```
const app = Vue.createApp({ /* 选项 */ })
```

可以将 createApp 分解成 create 和 App 来理解，create 就是创建的意思，而 App 指的是 Application，也就是应用的意思，那么 Vue.createApp()就可以理解成创建一个 Vue 应用。createApp()方法会返回一个 Vue 实例对象。

Vue 应用实例是 Vue.js 中最基本的单元。构造参数是一个对象，构造参数的属性即为参数选项，常见的参数选项有 data、method 等。项目中，通过在 main.js 中创建最外层的 Vue 实例对象来实现根节点、根组件的功能。

例 4-1 创建一个应用实例。

> **注意**：初学 vue 可以使用链接引入 vue.js 的方法练习，官方链接为 https://unpkg.com/vue@3。

```
<script src="https://unpkg.com/vue@3"></script>

<div id="app">
    <div>学 vue 的第{{day}}天</div>
</div>

<script>
    var vue1 = {
        data() {
            return {
                day: 6
            }
        }
    }
    Vue.createApp(vue1).mount('#app') //通过 mount 方法挂载应用实例
</script>
```

运行结果如图 4-1 所示。

图 4-1　创建一个应用实例

4.1.1　一个应用实例

(1) 挂载应用实例。

mount()是挂载的意思，应用实例创建完后，必须挂载才能被节点调用，需要一个字符串型参数，可以使用 css 选择器挂载，一般都是使用 ID 选择器的形式，比如 mount("#app")，意思就是将 ID 为 app 的节点挂载到 Vue 上。

(2) 如果值以"#"开始，则它将被用作 ID 选择符，并且使用匹配元素的 innerHTML 作为模板。

例 4-2　通过 ID 选择器挂载 Vue(值以"#"开始)：

```html
<div id="ids">
    <div>{{msg}}</div>
</div>

<script>
    var vue2 = {
        data() {
            return {
                msg: "通过 id 选择器挂载 vue"
            }
        }
    }
    Vue.createApp(vue2).mount('#ids') //通过 mount 方法挂载应用实例
</script>
```

运行结果如图 4-2 所示。

图 4-2　通过 ID 选择器挂载 Vue(值以"#"开始)

(3) 如果值以"."开始，则它将被用作 css 选择器，并使用匹配元素的 innerHTML 作为模板。

例 4-3 通过 css 选择器挂载 Vue(值以"."开始)：

```
<div class="css">
    <div>{{msg}}</div>
</div>

<script>
    var vue2 = {
        data() {
            return {
                msg: "通过 css 选择器挂载 vue"
            }
        }
    }
    Vue.createApp(vue2).mount('.css')  //通过 mount 方法挂载应用实例
</script>
```

运行结果如图 4-3 所示。

图 4-3　通过 css 选择器挂载 Vue(值以"."开始)

4.1.2　让应用实例执行方法

应用实例必须在调用.mount() 方法后才会渲染出来并执行方法。该方法接收一个"容器"参数，可以是一个实际的 DOM 元素或是一个 css 选择器字符串：

```
<div id="app"></div>
app.mount('#app')
```

应用根组件的内容将在容器元素里面渲染。容器元素本身不会被视为应用的一部分。mount()方法应该始终在整个应用配置和资源注册完成后被调用。同时请注意，不同于其他资源注册方法，它的返回值是根组件实例，而非应用实例。

例 4-4 让应用实例执行方法，当单击按钮时 day 加 1：

```
<script src="https://unpkg.com/vue@3"></script>

<div id="app">
```

```
    <div>学 vue 的第{{day}}天</div>
    <!-- 调用方法 -->
    <button @click="add">学习天数加 1</button>
</div>

<script>
    var vue1 = {
        data() {
            return {
                day: 6
            }
        },
        methods: {
            add(e) {
                this.day++
            }
        }
    }
    Vue.createApp(vue1).mount('#app')  //通过 mount 方法挂载应用实例
</script>
```

运行结果如图 4-4 所示。

图 4-4   让应用实例执行方法

4.1.3   理解选项对象

应用实例提供一个在页面上已存在的 DOM 元素作为 Vue 实例的挂载目标，可以是 css 选择器，也可以是 ID 选择器。

因为所有的挂载元素会被 Vue 生成的 DOM 替换，所以不推荐在 html 或者 body 上挂载 Vue 实例。

1. template

它表示装载的内容，如 HTML 代码、包含其他组件的 HTML 片段，称为模板。

例 4-5 通过 template 渲染模板：

```
<div id="app">
    我是 el 挂载的内容
</div>
<script>
    const vm = {
        data() {
            return {
                age: 17
            }
        },
        template: '<div>我是 template 的内容</div>',
    }
    Vue.createApp(vm).mount('#app')
</script>
```

运行结果如图 4-5 所示。

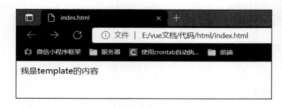

图 4-5　通过 template 渲染模板

2. data

data 是一个对象，表示实例对象会用到的数据，其中的属性和属性值(字段)会被代理到当前实例对象。比如 data 中有一个属性为 fruit，属性值为 banana，那么可以在实例对象中直接用属性访问符号(.)来访问，也可以直接在对应的 HTML 片段中引用相应字段，比如用 {变量名}来实现数据渲染。

3. render

Vue 选项中的 render 函数若存在，则 Vue 构造函数不会从 template 选项指定的挂载元素中提取出 HTML 模板编译渲染函数。

例 4-6 render 和 template 的优先级比较。

代码 1，当 render 存在时：

```
<div id="app">
    我是 el 挂载的内容
```

```
</div>
<script>
    const vm = {
        data() {
            return {
                age: 17
            }
        },
        template: '<div>我是 template 的内容</div>',
        render(h) {
            return 'div', '我是 render 的内容'
        }
    }
    Vue.createApp(vm).mount('#app')
</script>
```

运行结果如图 4-6 所示。

图 4-6　render 存在时的运行结果

代码 2，当 render 不存在时：

```
<div id="app">
    我是 el 挂载的内容
</div>
<script>
    const vm = {
        data() {
            return {
                age: 17
            }
        },
        template: '<div>我是 template 的内容</div>',
        // render(h) {
        //     return 'div', '我是 render 的内容'
        // }
    }
    Vue.createApp(vm).mount('#app')
</script>
```

运行结果如图 4-7 所示。

图 4-7　render 不存在时的运行结果

当 Vue 选项对象中有 render 渲染函数时，Vue 构造函数将直接使用渲染函数渲染 DOM 树；当选项对象中没有 render 渲染函数时，Vue 构造函数首先要将 template 模板编译生成渲染函数，然后再渲染 DOM 树；而当 Vue 选项对象中既没有 render 渲染函数，也没有 template 模板时，会通过 el 属性获取挂载元素的 outerHTML 来作为模板，并编译生成渲染函数。

换言之，在进行 DOM 树的渲染时，render 渲染函数的优先级最高，template 次之，且需编译成渲染函数。而挂载点 el 属性对应的元素若存在，则在前两者均不存在时，其 outerHTML 才会用于编译与渲染。

4.1.4　理解根组件

1. 组件的定义

根组件是前端框架的入口，整个应用程序只有一个全局的根组件实例。根组件可以提供根节点的路由、跳转登录页、退出系统、跳转后台主页、跳转错误页等功能。

根组件的类名定义成 App，有两个参数，即 id 和 config：

```
//id 为应用的根节点的 id，即 index.html 文件中 div 的 id
//config 为应用的全局配置对象
function App(id, config) {
var _elem = $('#' + id);//根节点
}
```

2. 创建路由

这里我们创建应用程序根节点的路由对象，在路由导航之前，可以在路由的 before 中添加登录验证，在路由 after 中添加组件渲染后的共用逻辑。在组件路由之前，要将系统登录的用户信息传递给每个组件，供组件内部直接访问：

```
var _router = new Router(_elem, {
before: function (item) {
var component = item.component;
```

```
//如果组件不是 Login 且组件用户不存在, 则跳转到登录组件
if (!(component instanceof Login) && !component.user) {
_showLogin();
return false;
}
return true;
},
after: function (item) {
//这里是组件渲染后的共用逻辑, 例如一些 jQuery 插件的初始化写在此处
}
});

//下面是路由方法
function _route(item) {
//给路由组件增加 user 属性, 获取当前登录用户
item.component.user = _getUser();
_router.route(item);
}
```

(1) 后台首页(admin)。

登录组件登录成功后, 可通过根组件实例调用下面的方法显示后台首页:

```
//user 为登录用户信息
this.admin = function (user) {
_setUser(user);//存储当前登录用户
_route({ component: new Admin() });//导航到后台首页组件
}
```

(2) 登录系统(login)。

调用下面的方法可以跳转到登录页面:

```
this.login = function () {
_route({ component: new Login(config) });//导航到登录组件
}
```

(3) 退出系统(logout)。

调用下面的方法, 将清除用户信息并导航到登录页面:

```
this.logout = function () {
_setUser(null);    //清除用户信息
_showLogin();      //显示登录页面
}
```

(4) 根节点的实例。

一个应用程序只需要实例化一次根组件 App, 可以通过在框架中注入 config 参数来实现个性化需求的功能, 例如配置应用程序的名称、资源文件的路径等:

```
var app = new App('app', {
AppName: 'Known UI',
ImagePath: '/static/imgs'
});
```

4.1.5　理解 MVC 模型

MVC 的英文全称是 Model View Controller，它是一种软件设计典范，采用业务逻辑、数据、界面显示分离的方法组织代码，将业务逻辑聚集到一个部件里面，在改进和个性化定制界面及用户交互的同时，不需要重新编写业务逻辑。MVC 被独立发展起来，用于将传统的输入、处理和输出功能映射到一个图形化用户界面的逻辑结构中。MVC 开始是存在于桌面程序中的，M 是指业务模型，V 是指用户界面，C 则是指控制器。使用 MVC 的目的是将 M 和 V 的实现代码分离，从而使同一个程序可以使用不同的表现形式。例如，一批统计数据可以分别用柱状图、饼图来表示。C 存在的目的则是确保 M 和 V 同步，一旦 M 改变，V 应该同步更新。

模型—视图—控制器(MVC)模式是 Xerox PARC(施乐帕克研究中心)在 20 世纪 80 年代为编程语言 Smalltalk-80 开发的一种软件设计模式，已被广泛使用。后来被推荐为 Oracle 旗下 Sun 公司 Java EE 平台的设计模式，并且受到越来越多使用 ColdFusion 和 PHP 的开发者的欢迎。MVC 模式也存在一定的优点和缺点。下面详细说明 MVC。

(1) 模型：模型表示企业数据和业务规则。在 MVC 的三个部件中，模型拥有的处理任务最多。例如，可能用像 EJBs 和 ColdFusion Components 这样的构件对象来处理数据库。被模型返回的数据是中立的，也就是说，模型与数据格式无关，这样，一个模型就可以为多个视图提供数据。由于应用于模型的代码只需编写一次就可以被多个视图重用，因此，减少了代码的重复性。

(2) 视图：视图是用户能看到并与其交互的界面。对以前的 Web 应用程序来说，视图就是由 HTML 元素组成的界面；在现今的 Web 应用程序中，HTML 依旧在视图中扮演着重要的角色，且一些新的技术层出不穷，包括 Adobe Flash 和像 XHTML、XML/XSL、WML 等一些标识语言与 Web Services。MVC 的优点是，它可以为应用程序处理多种不同的视图，而在视图中其实没有真正的处理发生。作为视图来讲，它只是一种输出数据并允许用户操作的方式。

(3) 控制器：控制器接收用户的输入并调用模型和视图去完成用户的需求，所以当单击 Web 页面中的超链接和发送 HTML 表单时，控制器本身不输出任何内容，也不做任何处理，它只是接收请求，并决定调用哪个模型构件去处理请求，然后确定用哪个视图来显示返回的数据。

4.1.6　理解 MVP 模型

MVP 的英文全称为 Model View Presenter，它是从经典的 MVC 模式演变而来的。它们的基本思想有相通的地方：Controller/Presenter 负责逻辑的处理，Model 提供数据，View 负责显示。MVP 通过表示器将视图与模型巧妙地分开。在该模式中，视图通常由表示器初始化，它负责呈现用户界面(UI)，并接收用户所发出的命令，但不对用户的输入做任何逻辑处理，而仅仅是将用户输入转发给表示器。通常一个视图对应一个表示器，但是也可能一个拥有较复杂业务逻辑的视图会对应多个表示器，每个表示器完成该视图的一部分业务处理工作，降低了单个表示器的复杂程度；一个表示器也能被多个有着相同业务需求的视图复用。表示器包含大多数表示逻辑，用以处理视图，与模型交互以获取或更新数据等。模型描述了系统的处理逻辑，但对于表示器和视图一无所知。

1. MVP 模式的优点

MVP 模式的优点体现在以下三个方面。

(1) View 与 Model 完全隔离。Model 和 View 之间具有良好的解耦性设计，这就意味着，如果 Model 或 View 中的一方发生变化，只要交互接口不发生变化，另一方就无须对此变化做出相应的变化，这使得 Model 层的业务逻辑具有很好的灵活性和可重用性。

(2) Presenter 与 View 的具体实现技术无关。也就是说，采用诸如 Windows 表单、WPF(windows presentation foundation)框架、Web 表单等用户界面构建技术中的任意一种来实现 View 层，都无须改变系统的其他部分。甚至为了使 B/S、C/S 部署架构能够被同时支持，应用程序可以用同一个 Model 层适配多种技术构建的 View 层。

(3) 可以进行 View 的模拟测试。由于 View 和 Model 之间的紧耦合，在 Model 和 View 同时开发完成前，对其中一方进行测试是不可能的。出于同样的原因，对 View 或 Model 进行单元测试很困难。MVP 模式解决了上述所有的问题。在 MVP 模式中，View 和 Model 之间没有直接依赖，开发者能够借助模拟对象注入两者中的任意一方。

2. MVP 模式与 MVC 模式的区别

MVC 模式示意图如图 4-8 所示。作为一种新的模式，MVP 与 MVC 有着一个重大的区别：在 MVC 中，View 并不直接使用 Model，它们之间的通信是通过 Controller 来进行的，所有的交互都发生在 Controller 内部；而在 MVP 中，View 会直接从 Model 中读取数据，而不是通过 Controller。在 MVP 中，View 可以直接访问 Model。View 中包含 Model 信息，不可避免地还要包括一些业务逻辑。在 MVP 模式中，更关注在 Model 不变的情况下，View 有多个不同的显示。所以在 MVP 模式中，Model 不依赖 View，但 View 依赖 Model。不仅如此，因为有一些业务逻辑在 View 中实现，导致要更改 View 也是比较困难的，至少那些业务逻辑是无法重用的，代码复用率低。

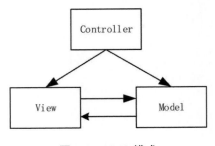

图 4-8　MVC 模式

4.1.7　理解 MVVM 模型

MVVM 是 Model View ViewModel 的简写，它本质上就是 MVC 模式的改进版，目的是将 View 的状态及行为抽象化，将视图 UI 和业务逻辑分开。ViewModel 可以取出 Model 的数据，同时帮助处理 View 中由于需要展示内容而涉及的业务逻辑。如今越来越多的新技术，例如 Silverlight、音频、视频、3D、动画等技术的发展导致软件 UI 层更加细节化、可定制化。同时，在技术层面，WPF 带来了如 Binding、Dependency Property、Routed Events、Command、DataTemplate、ControlTemplate 等新特性。MVVM 模式是由 MVP 模式与 WPF 结合的应用方式发展演变而来的一种新型架构模式。它立足于原有 MVP 模式并纳入了 WPF 的新特性，以应对客户日益复杂的需求变化。

1. MVVM 模式的优点

MVVM 模式和 MVC 模式一样，主要目的是分离视图(View)和模型(Model)。MVVM 模式的优点如下。

(1) 低耦合。View 可以独立于 Model 变化和修改，一个 ViewModel 可以绑定到不同的 View 上，当 View 变化时 Model 可以不变，当 Model 变化时 View 也可以不变。

(2) 可重用性。可以将一些视图逻辑放在一个 ViewModel 中，让很多 View 重用这段视图逻辑。

(3) 独立开发。开发者可以专注于业务逻辑和数据的开发(ViewModel)，设计人员可以专注于页面设计，使用 Expression Blend 工具可以很容易地设计界面并生成 XAML 代码。

(4) 可测试。界面素来是比较难测试的，而基于 MVVM 模式，可以针对 ViewModel

测试。

2. MVVM 模式的组成部分

(1) 模型：模型是指代表真实状态内容的领域模型(面向对象)，或指代表内容的数据访问层(以数据为中心)。

(2) 视图：就像在 MVC 和 MVP 模式中一样，视图是用户在屏幕上看到的结构、布局和外观。

(3) 视图模型：视图模型是暴露公共属性和命令的视图抽象。MVVM 模式没有 MVC 模式的控制器，也没有 MVP 模式的 Presenter，只有一个绑定器。在视图模型中，绑定器在视图和数据绑定器之间进行通信。

在 Microsoft 解决方案中，绑定器是一种名为 XAML 的标记语言。绑定器使开发者可免于编写样板式逻辑来同步视图模型和视图。声明性数据和命令绑定隐含在 MVVM 模式中，声明性数据绑定技术的出现是实现该模式的一个关键因素。

4.2　data property 与 data methods

data 和 methods 也是组件的一部分，关于 data 和 methods，有以下几点内容需要注意：

(1) 组件可以拥有自己的数据。

(2) 组件中的 data 和实例中的 data 有点不一样，实例中的 data 可以是一个对象，但组件中的 data 必须是一个方法。

(3) 组件中的 data 除了是一个方法外，还必须返回一个对象。

(4) 组件中 data 的使用方式和实例中 data 的使用方式一样。

(5) 组件中 methods 的定义和使用与实例中一样。

4.2.1　理解 data property

组件的 data 选项是一个函数。Vue 在创建新组件实例的过程中调用此函数。它应该返回一个对象，然后 Vue 会通过响应性系统将其包裹起来，并以 $data 的形式存储在组件实例中。为方便起见，该对象的任何顶级 property 也直接通过组件实例暴露出来：

```
const app = Vue.createApp({
  data() {
    return { count: 4 }
  }
```

```
})
const vm = app.mount('#app')
console.log(vm.$data.count) // => 4
console.log(vm.count)       // => 4
// 修改 vm.count 的值也会更新 $data.count
vm.count = 5
console.log(vm.$data.count) // => 5
// 反之亦然
vm.$data.count = 6
console.log(vm.count) // => 6
```

仅在首次创建实例时添加 property，所以需要确保 property 都在 data 函数返回的对象中。必要时，要对尚未提供所需值的 property 使用 null、undefined 或其他占位的值。

Vue 使用 $ 前缀通过组件实例暴露自己的内置 API。Vue 还为内部 property 保留了"_"前缀。应该避免使用这两个字符开头的顶级 data property 名称。

4.2.2　理解 data methods

1. 方法

用 methods 选项向组件实例添加方法，它应该是一个包含所需方法的对象：

```
const app = Vue.createApp({
  data() {
    return { count: 4 }
  },
  methods: {
    increment() {
      // 'this' 指向该组件实例
      this.count++
    }
  }
})
const vm = app.mount('#app')
console.log(vm.count) // => 4
vm.increment()
console.log(vm.count) // => 5
```

Vue 自动为 methods 绑定 this，以便它始终指向组件实例，从而确保方法在用作事件监听或回调时保持正确的 this 指向。在定义 methods 时应避免使用箭头函数，因为这会阻止 Vue 绑定恰当的 this 指向。

这些 methods 和组件实例的其他 property 一样，可以在组件的模板中被访问。在模板中，它们通常被当作事件监听使用：

```
<button @click="increment">Up vote</button>
```

在上面的例子中，单击 <button> 时，会调用 increment 方法。

也可以直接从模板中调用方法。但是，在计算属性不可行的情况下，使用方法可能会很有用。我们可以在模板支持 JavaScript 表达式的任何地方调用方法：

```
<span :title="toTitleDate(date)">
  {{ formatDate(date) }}
</span>
```

如果 toTitleDate 或 formatDate 访问任何响应式数据，则将其作为渲染依赖项进行跟踪，就像直接在模板中使用过一样。

从模板调用的方法不应该有任何副作用，比如更改数据或触发异步进程。

2. 防抖和节流

Vue 没有内置支持防抖和节流，但可以使用 Lodash 等库来实现。

如果某个组件仅使用一次，可以在 methods 中直接应用防抖：

```
<script src="https://unpkg.com/lodash@4.17.20/lodash.min.js"
rel="externalnofollow" > </script>
<script>
  Vue.createApp({
    methods: {
      // 用 Lodash 的防抖函数
      click: _.debounce(function() {
        // ... 响应点击 ...
      }, 500)
    }
  }).mount('#app')
</script>
```

但是，上面的方法对于可复用组件有潜在的问题，因为它们都共享相同的防抖函数。为了使组件实例彼此独立，可以在生命周期钩子的 created 里添加防抖函数：

```
app.component('save-button', {
  created() {
    // 用 Lodash 的防抖函数
    this.debouncedClick = _.debounce(this.click, 500)
  },
  unmounted() {
    // 移除组件时，取消定时器
    this.debouncedClick.cancel()
  },
  methods: {
```

```
    .click() {
      // ... 响应点击 ...
    }
  },
  template: `
    <button @click="debouncedClick">
      Save
    </button>
  `
})
```

4.3　Vue.js 的生命周期

Vue 的生命周期是指 vue 实例对象从创建之初到销毁的过程，Vue 所有功能的实现都是围绕其生命周期进行的，在生命周期的不同阶段调用对应的钩子函数可以实现组件数据管理和 DOM 渲染两大重要功能。

4.3.1　生命周期中的钩子函数

在创建每个组件时都要经过一系列的初始化过程。例如，需要设置数据监听，编译模板，将实例挂载到 DOM 并在数据变化时更新 DOM 等。同时，在这个过程中也会运行一些叫作生命周期钩子的函数。

生命周期钩子函数给了用户在不同阶段添加代码的机会。

Vue 生命周期可以分为八个阶段，分别是 beforeCreate(创建前)、created(创建后)、beforeMount(载入前)、mounted(载入后)、beforeUpdate(更新前)、updated(更新后)、beforeDestroy(销毁前)、destroyed(销毁后)。

下面我们就来看看 Vue 生命周期的这八个阶段。

1. beforeCreate

对应的钩子函数为 beforeCreate。此阶段在实例初始化之后，此时的数据观察和事件机制都未形成，不能获得 DOM 节点。

2. created

对应的钩子函数为 created。在这个阶段 Vue 实例已经创建，但仍然不能获取 DOM 元素。

3. beforeMount

对应的钩子函数是 beforeMount，在这一阶段，我们虽然依然得不到具体的 DOM 元素，但 Vue 挂载的根节点已经创建，Vue 对 DOM 的操作将围绕这个根元素继续进行；beforeMount 阶段是过渡性的，一般一个项目只能用到一两次。

4. mounted

对应的钩子函数是 mounted。mounted 是平时我们用得最多的函数，一般异步请求都写在这里。在这个阶段，数据和 DOM 都已被渲染出来。

5. beforeUpdate

对应的钩子函数是 beforeUpdate。在这一阶段，Vue 遵循数据驱动 DOM 的原则；beforeUpdate 函数在数据更新后虽然没有立即更新数据，但是 DOM 中的数据会改变，这是 Vue 双向数据绑定的作用。

6. updated

对应的钩子函数是 updated。在这一阶段 DOM 会和更改过的内容同步。

7. beforeDestroy

对应的钩子函数是 beforeDestroy。在上一阶段 Vue 已经成功地通过数据驱动 DOM 更新，当我们不再需要 Vue 操纵 DOM 时，就需要销毁 Vue，也就是清除 Vue 实例与 DOM 的关联，调用 destroy 方法可以销毁当前组件。在销毁前，会触发 beforeDestroy 钩子函数。

8. destroyed

对应的钩子函数是 destroyed。在组件销毁后，会触发 destroyed 钩子函数。

Vue 的生命周期的思想贯穿组件开发的始终，通过熟悉其生命周期调用的不同钩子函数，我们可以准确地控制数据流和其对 DOM 的影响；Vue 生命周期的思想是 Vnode 和 MVVM 的生动体现和继承。

4.3.2　生命周期的图示

Vue.js 的生命周期如图 4-9 所示。

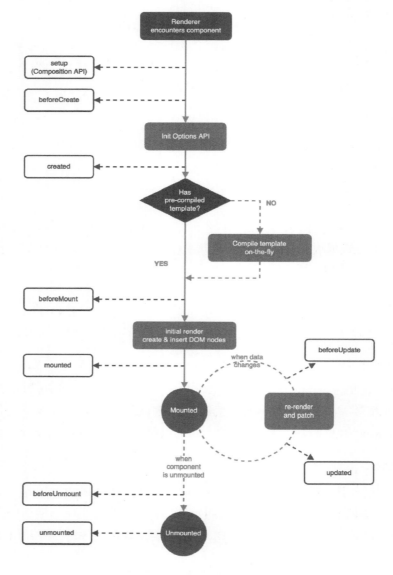

图 4-9　Vue.js 的生命周期

4.3.3　生命周期钩子函数的实例

实例代码如下：

```html
<div id="app">
    <input type="button" value="修改 msg" @click="msg='修改后的值'">
    <h3 id="h3">{{ msg }}</h3>
</div>

<script>
    // 创建 Vue 实例，得到 ViewModel
    var vm = {
        data() {
            return {
                msg: '载入成功'
            }
        },
        methods: {
            show() {
                console.log('执行了 show 方法')
            }
        },
        beforeCreate() { // 这是我们遇到的第一个生命周期函数，表示实例完全被创建出来之前，
                         // 会执行它
            console.log(this.msg)
                // this.show()
                // 注意：在 beforeCreate 生命周期函数执行的时候，data 和 methods 中的
                // 数据都还没有初始化，所以 this.msg 为 undefined，this.show() 会报错
                // this.show is not a function
        },
        created() { // 这是遇到的第二个生命周期函数
            console.log(this.msg)
            this.show()
            // 在 created 中，data 和 methods 都已经被初始化好了！
            // 如果要调用 methods 中的方法，或者操作 data 中的数据，只能在 created 中操作
        },
        beforeMount() { // 这是遇到的第三个生命周期函数，表示模板已经在内存中编辑完成了，
                        // 但是尚未把模板渲染到页面中，因此获取
                        // document.getElementById('h3').innerText 时会报错
            // console.log(document.getElementById('h3').innerText)
            // 在 beforeMount 执行的时候，页面中的元素还没有被真正替换过来，只是之前写的
            // 一些模板字符串
        },
        mounted() { // 这是遇到的第四个生命周期函数，表示内存中的模板已经真实地挂载到了
                    // 页面中，用户已经可以看到渲染好的页面了
            console.log(document.getElementById('h3').innerText)
                // 注意：mounted 是实例创建期间的最后一个生命周期函数，当执行完 mounted 时
                // 就表示实例已经被完全创建好了，此时，如果没有其他操作，这个实例就静静地躺在
                // 内存中，一动不动
        },

        // 接下来的是运行中的两个事件
        beforeUpdate() { // 这时候，表示我们的界面还没有被更新
```

```
        console.log('界面上元素的内容: ' + document.getElementById('h3').innerText)
        console.log('beforeUpdate: 页面中显示的数据，还是旧的，此时 data 数据是最新的')
        console.log('data 中的 msg 数据是: ' + this.msg)
            // 得出结论： 当执行 beforeUpdate 的时候，页面中显示的数据还是旧的，此时
            // data 数据是最新的，页面尚未和最新的数据保持同步
    },
    updated() {
        console.log('界面上元素的内容: ' + document.getElementById('h3').innerText)
        console.log('data 中的 msg 数据是: ' + this.msg)
            // updated 事件执行的时候，页面和 data 数据已经保持同步了，都是最新的
    }
    }
    Vue.createApp(vm).mount('#app')
</script>
```

运行结果如图 4-10 所示。

图 4-10　运行结果

4.4　小结

在本章中，我们对 Vue.js 的应用实例有了比较详细的了解，足以应对日常使用。应用实例作为 Vue.js 中最基本且很重要的一部分，在日常开发中基本上都会用到。本章从应用实例的概念到应用实例的创建，再到前端的开发模型、应用实例的生命周期都做了介绍，将这些知识点融会贯通，应用到实际工作中，也就是学习的目的。

第 5 章

Vue.js 组件

　　组件(component)是 Vue.js 最强大的功能之一。它可以扩展 HTML 元素，封装可重用的代码。通过组件系统可以用独立可复用的小组件来构建大型应用，几乎任意类型的应用界面都可以抽象为一个组件树。

5.1　组件的基本概念

组件系统是 Vue.js 中一个重要的概念，它提供了一种抽象，让我们可以使用独立可复用的小组件来构建大型应用，任意类型的应用界面都可以抽象为一个组件树，如图 5-1 所示。

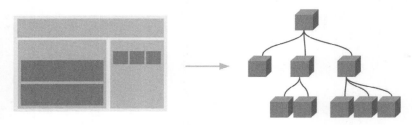

图 5-1　组件树

组件可以扩展 HTML 元素，封装可重用的 HTML 代码，我们可以将组件看作自定义的 HTML 元素，这和嵌套 HTML 元素的方式类似。Vue.js 实现了自己的组件模型，可以在每个组件内封装自定义内容与逻辑。Vue.js 同样也能很好地配合原生 Web Component。

5.1.1　创建和注册组件的基本步骤

使用 Vue.js 的组件有三个步骤：创建组件构造器、注册组件和使用组件。在构建步骤时，我们一般会将 Vue.js 组件定义在一个单独的 .vue 文件中，叫作单文件组件(简称 SFC)。下面通过例 5-1 来完整地了解创建和注册组件的基本步骤。

例 5-1 组件的创建、注册和使用：

```
ComponentA.vue
//1.组件的创建
<script>
export default {
  data() {
    return {
      count: 0
    }
  }
}
</script>

<template>
```

```
    <button @click="count++">You clicked me {{ count }} times.</button>
</template>

App.vue
<script>
//2.组件的注册
import ComponentA from './components/ComponentA.vue';

export default {
  components: {
    ComponentA
  }
}
</script>

<template>
  <h1>这是一个子组件! </h1>
//3.组件的使用
  <ComponentA></ComponentA>
</template>
```

运行结果如图 5-2 所示。

图 5-2　运行结果

5.1.2　理解组件的创建和注册

我们用以下几个步骤来理解组件的创建和注册。

(1) 组件是通过创建一个新的.vue 文件来创建的。

(2) 组件的注册格式如下：

```
import ComponentA from './components/ComponentA.vue';
export default {
    components: {
        ComponentA
    }
}
```

(3) 组件的使用格式为：

```
<ComponentA></ComponentA>
```

通过例 5-1 演示的这三个步骤，可以看到使用组件和使用普通的 HTML 元素没什么区别。

5.1.3 父组件和子组件

我们可以在组件中定义并使用其他组件，这就构成了父子组件的关系：

```
<!DOCTYPE html>
<html>
<head>
    <title></title>
</head>
<body>
    <div id="app">
        <parent-component></parent-component>
    </div>
    <script>
        // 1.创建一个组件构造器
        // 子集
        var child = Vue.extend({
            template:"<h3>child component</h3>"
        });
        //父级
        var parent = Vue.extend({
            //在 parent 组件里使用 child 组件
            template: '<div><h2>This is parent component!</h2><child-component>
</child-component></div>',
            //在 parent 里面注册 child 组件，属于一种局部注册的方式
            components:{
                "child-component":child
            }
        });
        // 2.全局注册 parent 组件
        Vue.component("parent-component",parent);
        new Vue({
            el: '#app'
        });
    </script>
</body>
</html>
```

下面分几个步骤来理解这段代码。

(1) var child = Vue.extend(...)：定义一个 Child 组件构造器。

(2) var parent = Vue.extend(...)：定义一个 Parent 组件构造器。

(3) components: { 'child-component': child }：将 Child 组件注册到 Parent 组件，并将 Child 组件的标签设置为 child-component。

(4) template :'<p>This is a Parent component</p><child-component></child-component>'：在 Parent 组件内以标签的形式使用 Child 组件。

(5) Vue.component('parent-component', Parent)：全局注册 Parent 组件。

(6) 在页面中使用<parent-component>标签渲染 Parent 组件的内容，同时 Child 组件的内容也被渲染出来。

Child 组件是在 Parent 组件中局部注册的，它只能在 Parent 组件中使用，确切地说，子组件只能在父组件的 template 中使用。

请注意下面两种子组件的使用方式是错误的。

(1) 以子标签的形式在父组件中使用。

(2) 在父组件标签外使用子组件。

5.1.4　DOM 模板解析注意事项

当使用 DOM 作为模板时(例如，使用 el 选项把 Vue 实例挂载到一个已有内容的元素上)，就会受到 HTML 本身的一些限制，因为 Vue 只有在浏览器解析、规范化模板之后才能获取其内容。

尤其要注意，像 <ul>、<ol>、<table>、<select> 这样的元素允许包含的元素有限制，而另一些像 <option> 这样的元素，只能出现在某些特定元素的内部。变通的方案是使用特殊的 is 特性。

应当注意，如果使用以下来源之一的字符串模板，则没有这些限制：

● < script type="text/x-template">。

● JavaScript 内联模板字符串。

● .vue 组件。

(1) 错误示例：

```
<div id="app">
<select>
<option>please choose</option>
<!--组件<myoption>、<myoption2>会被当作无效的内容，导致错误的渲染-->
```

```
    <myoption></myoption>
    <myoption2></myoption2>
  </select>
</div>
<script type="text/javascript">
  var option1 = {template:'<option>math</option>'};
  var option2 = {template:'<option>chinese</option>'};
  var vm = new Vue({
    el:'#app',
    components:{
      'myoption':option1,
      'myoption2':option2,
    }
  });
</script>
```

(2) 正确示例，使用 is 特殊属性：

```
<div id="app">
  <select>
    <option>please choose</option>
    <option is='myoption'></option>
    <option is='myoption2'></option>
  </select>
</div>
<script type="text/javascript">
  var option1 = {template:'<option>math</option>'};
  var option2 = {template:'<option>chinese</option>'};
  var vm = new Vue({
    el:'#app',
    components:{
      'myoption':option1,
      'myoption2':option2,
    }
  });
</script>
```

(3) 正确示例，使用< script type="text/x-template">：

```
<div id="app">
  <select>
    <option>please choose</option>
    <option is='myoption'></option>
    <option is='myoption2'></option>
  </select>
  <script type="x-template" id="optemp">
    <option>math</option>
  </script>
```

```
  <script type="x-template" id="optemp2">
   <option>chinese</option>
  </script>
</div>
<script type="text/javascript">
 var option1 = {template:'#optemp'};
 var option2 = {template:'#optemp2'};
 var vm = new Vue({
   el:'#app',
   components:{
     'myoption':option1,
     'myoption2':option2,
   }
 });
</script>
```

(4) 正确示例，使用 JavaScript 内联模板字符串：

```
<div id="app">
 <myselect></myselect>
</div>

<script type="text/javascript">
 var sel = {
   //局部嵌套全局
   template:
     '<select>'+
      '<option>please choose</option>'+
      '<myoption></myoption>'+
      '<myoption2></myoption2>'+
     '</select>'
 };
 //全局模板
 Vue.component('myoption',{template:'<option>math</option>'});
 Vue.component('myoption2',{template:'<option>chinese</option>'});
 var vm = new Vue({
   el:'#app',
   components:{
     'myselect':sel,
   }
 });
</script>
```

5.1.5 data 必须是函数

构造 Vue 实例时，传入的各种选项大多数都可以在组件里使用，只有一个例外：data
必须是函数。

(1) 错误示例：

```
Vue.component('my-component', {
  template: '<span>{{ message }}</span>',
  data: {
    message: 'hello'
  }
})
```

(2) 正常实例：

```
Vue.component('my-component', {
  template: '<span>{{ message }}</span>',
  data: function(){
    return XXXX;
  }
})
```

(3) 一个错误的例子：

```
<div id="app">
  <simple-counter></simple-counter>
  <simple-counter></simple-counter>
  <simple-counter></simple-counter>
</div>
<script>
  var mydata = { counter: 0 };
  Vue.component('simple-counter', {
    template: '<button v-on:click="counter += 1">{{ counter }}</button>',
    // 技术上 data 的确是一个函数，因此 Vue 不会警告
    data: function () {
      return mydata;
    }
  })
  vm=new Vue({
      el:"#app",
  });
</script>
```

执行结果时单击任意一个组件，就会发现所有 counter 都加 1 的错误。由于三个组件实
例共享了同一个 data 对象，因此，递增一个 counter 会影响所有组件。

我们可以通过为每个组件返回全新的数据对象来修复上面的 bug。

(4) 一个正确的例子，组件全局注册使用 data：

```html
<div id="app">
  <mycount></mycount>
  <mycount></mycount>
  <mycount></mycount>
</div>

<script type="text/javascript">
  Vue.component('mycount',{
    template:'<button @click=counter++>{{counter}}</button>',
    data:function(){
      return {
        counter:0,
      };
    }
  });

  var vm = new Vue({
    el:'#app',
  });
</script>
<div id="app">
  <mycount></mycount>
  <mycount></mycount>
  <mycount></mycount>
</div>

<script type="text/javascript">

  var clkcount = {
    template:'<button @click=counter++>{{counter}}</button>',
    data:function(){
      return {
        counter:0,
      };
    }
  };
  var vm = new Vue({
    el:'#app',
    components:{
      'mycount':clkcount,
    }
  });
</script>
```

5.1.6 组件组合

设计组件的初衷就是要配合使用，最常见的就是形成父子组件的关系：组件 A 在它的模板中使用组件 B，它们之间必然需要相互通信：父组件可能要给子组件下发数据，子组件则可能要将它内部发生的事情告知父组件。通过一个良好定义的接口来尽可能地将父子组件解耦也是很重要的。这保证了每个组件的代码可以在相对隔离的环境中书写和被理解，从而提高了其可维护性和复用性。

在 Vue 中，父子组件的关系可以总结为 prop 向下传递，事件向上传递。父组件通过 prop 给子组件下发数据，子组件通过事件给父组件发送消息。

5.1.7 组件注册

组件注册主要分为两部分：全局注册和局部注册。

全局注册是在新建实例时创建的，如当前的项目使用 Vue-CLI 创建，就应该在 main.js 文件中引入组件，同时使用 Vue.use(组件名)来引用组件，之后在新建主要的 Vue.js 实例的时候，组件就会自动被注册为全局组件，在项目的任意位置都可以使用组件，并且无须引入。

局部注册是在编写页面的时候，当前页面引入组件的常用方法，可以使用 ES 6 的模块系统来引入组件，之后可以在实例中注册使用。

调用 component()注册组件时，组件的注册是全局性的，这意味着该组件可以在任意 Vue 实例中使用。

如果不需要全局注册，或者是让组件在其他组件内使用，可以用选项对象的 components 属性实现局部注册。

我们可以使用 Vue 应用实例的 App.component() 方法，让组件在当前 Vue 应用中全局可用。

例 5-2 全局注册的实例。

Main.js：

```
import { createApp } from 'vue'
import App from './App.vue'

createApp(App).mount('#app')

import MyComponent from './App.vue'
App.component('MyComponent', MyComponent)
```

App.js：

```
<template>
  <ComponentA></ComponentA>
</template>

<script>

export default {
    name: "App",
    components: { }
}
</script>

<style>
</style>
```

ComponentA.vue：

```
<template>
    <ul>
        <li :key="item" v-for="item in msg">
            {{item}}
        </li>
    </ul>
  </template>

  <script>
  export default {
    name: 'ComponentA',
    data(){
        return{
            msg:[
                "我是全局注册的组件1",
                "我是全局注册的组件1",
                "我是全局注册的组件1",
                "重要的事情说三遍！！！",
            ]
        }
    }
  }
  </script>
```

运行结果如图 5-3 所示。

- 我是全局注册的组件1
- 我是全局注册的组件1
- 我是全局注册的组件1
- 重要的事情说三遍！！！

图 5-3　全局注册的实例

以上就是组件的两种引入方法，对于自己开发的组件，一般情况下都是局部注册；对于引入的组件库(如 Element)，一般会对其常用组件进行全局注册，以方便使用。例如，引入一个<icon>组件，总不能在调用的时候才导入它，这是极不方便的，全局注册显然是更好的选择。而自己开发的组件往往应用性没有那么强，所以更推荐局部注册，有需要时才引入使用，这样还能减少项目的提交，提高项目的性能。关于全局注册和局部注册，在后面的章节将会详细讲解。

5.2　组件通信

对于 Vue.js 的组件通信来说，一般有父组件给子组件传递信息、子组件给父组件传递信息、子组件之间传递信息三种情况。

5.2.1　父组件与子组件通信

这是比较常见的一种情况，如父组件是一个列表，会给子组件(列表)中的每个元素传值，之后展示出来。下面介绍 Vue.js 中父组件给子组件传递信息的特性——props。

props 可以在组件上注册一些新的特性，当使用 props 给组件传值的时候，这个值就成为这个组件的一个属性，如在组件中调用传递过来的值：

```
Vue.component('ListItem', {
 props: ['title'],
 template: '<h3>{{ title }}</h3>'
})
```

在子组件中，使用 props 属性接收传递过来的值可以直接调用，如同在 data 中声明的数据一样。当然，在组件中可以有无数个 props 属性，而且任何值都可以传递过去，例如：

```
<ListItem title="Test Title One"></ListItem>
<ListItem title="Test Title Two"></ListItem>
<ListItem title="Test Title Three"></ListItem>
```

直接绑定接收数据的 key，这里的 key 是 title，接收的时候也是 title，整合起来如下：

```
// HTML
<div id="list">
 <ListItem
   v-for="item in lists"                        // 循环组件
   :title="item.title"                          // 绑定 title
   :key="item.id"                               // 绑定 key
 ></ListItem>
</div>
```

```
// JS
import ListItem from './ListItem';              // 引入组件
new Vue({
 el: '#list',                                   // 挂载的 DOM 元素
 data() {
   return {
     lists: [
       { id: 1, title: 'Test Title One' },
       { id: 2, title: 'Test Title Two' },
       { id: 3, title: 'Test Title Three' }
     ],
   };
 },
 components: {
   ListItem                                      // 注册组件
 },
});
```

关于 props，需要注意其命名方式。因为在 HTML 中，属性名对于大小写是不敏感的，所有浏览器会自动把属性名中的大写字母转换为小写字母。这就意味着若想使用驼峰命名法来给属性命名，在传递时需要使用短横线分隔命名：

```
// 父组件
<ListItem item-title="Test Title One"></ListItem>  // 父组件给子组件传递 item-title 的值
<ListItem item-title="Test Title Two"></ListItem>
<ListItem item-title="Test Title Three"></ListItem>
```

```
// 子组件
Vue.component('ListItem', {
 props: ['itemTitle'],                          // 子组件接收时为 itemTitle
 template: '<h3>{{ itemTitle }}</h3>'
});
```

从上述代码中可以清晰地看到 props 命名的转换，props 可以有多种类型，数字、变量、数组或者对象都可以，代码如下：

```html
// HTML
<div id="list">
 <ListItem
   :number="6666"                          // 传递数字
   :boolean="false"                         // 传递布尔值
   :variable="variable"                     // 传递变量
   :array="array"                           // 传递数组
   :obeject="object"                        // 传递对象
 ></ListItem>
</div>
```

```js
// JS
import ListItem from './ListItem';         // 引入组件
new Vue({
 el: '#list',                              // 挂载的 DOM 元素
 data() {                                  // 编写 Fake 数据
   return {
     variable: 'variable',                 // 变量
     array: [1, 2, 3],                     // 数组
     obejct: {                             // 对象
       key: 1,
       content: 'content'
     }
   };
 },
 components: {
   ListItem                                // 注册组件
 },
});
```

props 的数据传输是单向的，也就是说，父组件给子组件传值，子组件只能调用，不能修改。若在子组件中强行修改 props 数据，Vue.js 会在控制台给出警告。若项目中必须修改，可以使用以下两种方法：

```js
// 例1-在组件内部定义数据
props: ['title'],
data() {
 return {
   local_title: this.title               // 返回 local_title 变量
 }
}
```

```js
// 例2-使用计算属性
props: ['title'],
computed: {
```

```
local_title: () => {                    // 返回 local_title 计算属性
    return this.title.trim()
  }
}
```

上述两种方法分别使用定义数据和计算属性来将 props 值改为本地值，实现在本地修改的目的。因为假设子组件也可以修改父组件的数据，会导致数据流的走向过于复杂，难以理解，因此 Vue.js 将 props 数据传递规定为单向。项目简单还好，若比较复杂，则需花费大量的时间去处理数据流，这和 Vue.js 简单明了的风格背道而驰。

5.2.2　子组件与父组件通信

子组件向父组件传值需要通过触发父组件定义的方法，之后父组件可以在方法中获取子组件传递过来的数据。

$emit 是 Vue.js 实例自带的方法，用来调用父组件传递过来的方法，调用时还可以指定参数传递过去。就像 TodoList 一样，在子组件中获取修改之后的数据，调用父组件修改数据的方法，并且将修改后的数据作为参数发送过去。

```
// 父组件
<div id="list">
 <ListItem
   @modifyItem="modifyItem"              // 使用 v-on 指令的简写将 modifyItem 函数传递过去
   v-for="(item, index) in lists"        // 循环组件
   :index="index"                        // 绑定 index
   :title="item.title"                   // 绑定 title
   :key="item.id"
   >
</ListItem>
</div>
import ListItem from './ListItem';       // 引入组件
new Vue({
 el: '#list',                            // 挂载的 DOM 元素
 data() {                                // 定义列表数据
   return {
     lists: [
       { id: 1, title: 'Test Title One' },
       { id: 2, title: 'Test Title Two' },
       { id: 3, title: 'Test Title Three' }
     ],
   };
 },
 methods: {
   modifyItem (index, changedValue) => {       // 修改列表中某个元素的方法
```

```
          this.lists[index].title = changedValue;
      },
   },
});
```

```
// 子组件
<div id="list-item">
 <input
   type="text"
   v-model="local_title"              // 使用 v-model 将 local_title 绑定到 input
    // 焦点消失触发父组件的 modifyItem 事件，将当前元素的 index 和 local_title 传递过去
   @blur="$emit('modifyItem', index, local_title)"
 >
</div>
export default {
 props: ['title', 'index'],          // 接收父组件传递过来的数据
 data() {
   return {
     local_title: this.title          // 返回 local_title 变量
   };
 }
}
```

首先在父组件调用子组件时将函数绑定，之后在子组件中使用$emit 调用函数，并且可以传参，完成子组件与父组件的通信。

5.2.3　子组件之间的通信

比较遗憾的是，Vue.js 中并没有针对组件之间通信的方法，可以先将数据传递到父组件，再通过父组件传递给子组件。若觉得这样麻烦，可以使用 Vue.js 推出的状态管理工具——Vuex。

原理很简单，就是将变量的内容提到最高层级，之后可以在任意组件中调用，相当于JS 中的全局变量。

Vue.js 组件之间的通信在实际运用中可能会遇到各种意料不到的情况，需要自行判断，选择最适合的方案。

5.2.4　通过插槽分发内容

插槽就是在调用组件时放在组件标签中传递内容用的，相应地，组件内部需要有<slot>标签来接收传递过来的内容，否则传递过来的内容会被抛弃。

```
// 父组件
<div id="list">
 <ListItem
   v-for="(item, index) in lists"       // 循环组件
   :index="index"                        // 绑定数据
   :key="item.id"
   :title="item.title"
 >
   Title-Content                         // 插槽内容
 </ListItem>
</div>
```

```
// 子组件
<div id="list-item">
 <input
   type="text"
   v-model="title"
 >
 <slot></slot>                           // 子组件使用<slot>标签接收内容
</div>
```

在渲染组件的时候，<slot>标签会被渲染成 Title-Content，若子组件内没有<slot>标签，则任何内容都不会被渲染。插槽内容可以是任何模板代码、组件或 HTML 元素。

```
// 父组件
<div id="list">
 <ListItem
   v-for="(item, index) in lists"       // 循环组件
   :index="index"                        // 绑定数据
   :key="item.id"
   :title="item.title"
 >
   <p>Title-Content</p>                  // 插槽内容为 HTML
   <OtherComponent></OtherComponent>    // 插槽内容为其他组件
 </ListItem>
</div>
```

插槽的功能固然强大，但有时会出现需要多个插槽的情况，此时可以给插槽命名，以区分不同的插槽。

```
// 父组件
<div id="list">
 <ListItem
   v-for="(item, index) in lists"               // 循环组件
   :index="index"                                // 绑定数据
   :key="item.id"
```

```
      :title="item.title"
  >
    <template slot="time">2018-11-11</template>     // 名为 time 的插槽
    <template slot="author">RZ</template>           // 名为 author 的插槽
    <p class="shortCut">shortCut</p>                // 无命名的插槽
  </ListItem>
</div>
```

```
// 子组件
<div id="list-item">
  <slot name="time">2018-11-11</slot>              // 调用名为 time 的插槽
  <slot name="author">RZ</slot>                    // 调用名为 author 的插槽
  <input
    type="text"
    v-model="title"
  >
  <slot name="shortCut">shortCut</slot>            // 调用无命名的插槽
</div>
```

在上面的代码中，使用<template>标签来包裹插槽内容，同时通过 slot 属性给插槽命名 (name)，在子组件中，可以通过调用不能命名的插槽来获取不同的内容。如果不给插槽命名，那么子组件内部调用没有 name 属性的插槽就会获取这些内容，也就是在调用子组件时，其内部所有没有命名的内容。此处使用<template>标签包裹的插槽内容，可以使插槽内容看上去更加清晰。若不想使用<template>标签，也可以直接在 HTML 元素上添加<slot>标签，以将当前 HTML 元素作为一个插槽，代码如下：

```
// 父组件
<div id="list">
  <ListItem
    v-for="(item, index) in lists"                 // 循环组件
    :index="index"                                 // 绑定数据
    :key="item.id"
    :title="item.title"
  >
    <p slot="time">2018-11-11</p>                  // 名为 time 的插槽
    <span slot="author">RZ</span>                  // 名为 author 的插槽
    <p class="shortCut">shortCut</p>               // 无命名的插槽
  </ListItem>
</div>
```

使用插槽固然很方便，但还需要注意作用域。正常情况下，插槽的作用域是父组件的作用域，也就是说，它只能获取父组件内的变量或者函数。关于这一点，Vue.js 官方提供了一条准则——父组件模板的所有东西都会在父级作用域内编译，子组件模板的所有东西都会在子级作用域内编译。

如果插槽需要使用子组件内部的数据，可以使用作用域插槽。虽然看起来像是一个新的插槽，其实就是在组件处理插槽的时候，给它绑定相应的数据。

```
// 父组件
<div id="list">
 <ListItem
   v-for="(item, index) in lists"        // 循环组件
   :index="index"                        // 绑定数据
   :key="item.id"
   :title="item.title"
 >
   <template slot="list-item">           // 将插槽作用域命名为 list-item
     <span>标题序号: {{ list-item.item.id }}</span> // 通过 list-item 调用其内部内容
   </template>
 </ListItem>
</div>
```

```
// 子组件
<div id="list-item">
 <slot :item="item">                     // 将 item 对象作为插槽的 props 传入
   {{ item.id }}                          // 给插槽回退内容
 </slot>
 <input
   type="text"
   v-model="title
 >
</div>
```

从上述代码中可以看出，子组件在处理插槽的时候，将 item 对象绑定在插槽上，如同父组件给子组件传值一样，插槽内容就可以调用 item 的内容，之后返回给父组件中的插槽。而父组件需要给当前插槽的作用域起个名字，来证明当前插槽作用域的唯一性，之后即可通过这个名字来调用子组件内部的内容。和插槽的 name 属性一样，slot-scope 属性也可以直接添加到 HTML 元素上，但在具体使用上，也是"仁者见仁，智者见智"。

5.3　特殊情况

Vue.js 是一个很方便的工具，在使用它的同时遵守一些规则，可以在很大程度上提高代码的可读性。但在日常的使用过程中，会出现一些情况，让我们不想遵守这些规则，此时可以使用 Vue.js 提供的一些不推荐使用的方法。

首先要提到的就是父子组件的通信，props 和 $emit 可以很方便地进行父子组件的通信，

但是有些情况依然无法满足。例如，父组件想要调用子组件中的方法，如果使用 props，需要在子组件内容中监听 props 的变化，之后根据其变化判断是否调用某些函数，要是有参数传过来，还需要其他 props 来帮助传递。这其实是一个比较复杂的操作逻辑，很容易产生代码冗余。为了解决这个问题，可以使用$ref 来获取子组件中的内容。

```
// 父组件
// HTML
<div id="list">
 <ListItem
   v-for="(item, index) in lists"      // 循环组件
   :index="index"                      // 绑定数据
   ref="listItem"                      // 给组件添加 ref 属性
 >
 </ListItem>
</div>
```

```
// JS
new Vue({
 el: '#list',                          // 挂载的 DOM 元素
 methods: {
   getChildComponetFunction() => {
     // 通过$refs 来调用子组件中的 childComponetFunction 方法
     this.$refs.listItem.childComponetFunction();
   }
 }
});
```

看上去确实很方便，但是$refs 还是有一定的限制。因为$refs 是在组件渲染完成之后生效，并非是响应式的。所以在模板或者计算属性中，使用$refs 是不可行的。

既然父组件可以通过$refs 来访问子组件的内容，那么子组件有没有简单的办法来访问父组件的内容呢？答案是肯定的，可以使用$parent 来获取父组件的内容，调用父组件的函数：

```
// 子组件
// JS
export default {
 methods: {
   getParentComponetFunction() => {
     // 通过$parent 来调用父组件中的 parentComponetFunction 方法
     this.$parent.parentComponetFunction();
   }
 }
}
```

　　子组件不仅可以调用父组件中的函数，也可以直接调用父组件中的变量，只是这样做可能会使项目的调试和理解变得更加困难，尤其是当父组件的内容发生变化时，可能很难发现数据的变化从何而来。

　　所以说到底，还是慎用$refs 和$parent 为好。关于模板的操作，也有一些更加方便的方法，如内联模板。内联模板的本质，就是在父组件中直接创建子组件的模板，当元素增加inline-template 属性之后，其内容不再被分发，而是会被当作模板，在父组件中也可以直接调用。

```
// 父组件
// HTML
<div id="list">
 <ListItem inline-template>            // 在父组件中新建子组件模板
   <div>
     <p>ListItemComponent</p>
   </div>
 </ListItem>
</div>
```

```
// JS
Vue.component('ListItem', {            // 注册子组件
 data() {                             // 自定义组件数据
   return {
     msg: "在子组件中声明数据"
   };
 },
})
const app = new Vue({                  // 新建实例
 el: '#list',                         // 挂载的 DOM 元素
 data() {
   return {
     msg: "在父组件中声明数据"
   };
 },
});
```

　　这样做固然很方便，但可能会让模板的作用域更难理解，同时，在父组件中定义过多的子组件模板会让父组件的体积过大，不利于理解和日后的维护。

　　最后一点就是关于性能的问题，大部分性能问题都是因为无法在很短的时间内完成大量数据的渲染而出现的。在 Vue.js 中，提供了 v-once 命令来渲染内容，之后存到缓存中，需要时调用即可，无须二次渲染。

```
<div id="list">
 <ListItem v-once>                    // 只渲染一次 ListItem 组件
```

```
  <div>
    <p>ListItemComponent</p>
  </div>
 </ListItem>
</div>
```

慎用 v-once，官方也特意对此进行了说明。虽然 v-once 属性会在一定程度上减少机能的消耗，但是在后期可能会带来很大的困扰。如后期模板不会根据内容的变化及时更新，而解决这个问题的人又漏看或者不熟悉 v-once 指令，那么就可能要花费很多的时间去解决这个问题，所以要慎用。使用时最好确定渲染的数据不会变化，而且全部是静态内容。

5.4 让组件可以动态加载

(1) 使用 import 导入组件，可以获取组件：

```
var name = 'system';
var myComponent =() => import('../components/' + name + '.vue');
var route={
  name:name,
  component:myComponent
}
```

(2) 使用 import 导入组件，直接将组件赋值给 component：

```
var name = 'system';
var route={
  name:name,
  component :() => import('../components/' + name + '.vue');
}
```

(3) 使用 require 导入组件，可以获取组件：

```
var name = 'system';
var myComponent = resolve => require.ensure([], () =>
resolve(require('../components/' + name + '.vue')));
var route={
  name:name,
  component:myComponent
}
```

(4) 使用 require 导入组件，直接将组件赋值给 component：

```
var name = 'system';
var route={
  name:name,
```

```
component(resolve) {
    require(['../components/' + name + '.vue'], resolve)
}
}
```

5.5　使用 keep-alive 缓存组件

keep-alive 是 Vue 提供的一个抽象组件，用来对组件进行缓存，从而节省性能，由于它是一个抽象组件，所以在 Vue 页面渲染完毕后不会被渲染成 DOM 元素：

```
<keep-alive>
    <loading></loading>
</keep-laive>
```

当组件在 keep-alive 内切换时，组件的 activated、deactivated 两个生命周期钩子函数会被执行，包裹在 keep-alive 中的组件的状态将会被保留。在创建 router 实例的时候，可以提供 scrollBehavior 方法，该方法会在用户切换路由时触发：

```
const router=new VueRouter({
    routes:[
        {
            path:"/",
            component:Home
        }
    ],
    scrollBehavior(to,form,savedPosition){
    //scrollBehavior 方法接收 to, form 路由对象
    //第三个参数 savedPosition 当且仅当在浏览器前进、后退按钮触发时可用
    //该方法会返回滚动位置的对象信息，如果返回 false，或者一个空的对象，那么不会发生滚动
    //我们可以在该方法中设置返回值，来指定页面的滚动位置，例如 return {x:0,y:0}
    //表示在用户切换路由时让所有页面都返回到顶部位置
    //如果返回 savedPosition，那么在单击后退按钮时，就会表现得像原生浏览器一样，返回的页面
    //会滚动到先前按钮单击跳转的位置，大概写法如下：
        if(savedPosition){
            return savedPosition
        }else{
            return {x:0,y:0}
        }
    //模拟滚动到锚点的行为：
        if(to.hash){
        return {
            selector:to.hash
            }
```

```
    }
  }
})
```

还有一个方法，就是利用我们上面说过的，在 keep-alive 激活时会触发 activated 钩子函数，那么在该函数内设置 scrollTop 为 0。

被 keep-alive 包裹的动态组件或 router-view 会缓存不活动的实例，当缓存实例被重新调用的时候就会复用这些动态组件，对于某些不需要实时更新的页面来说，大大减少了性能上的消耗，不需要再次发送 HTTP 请求。但是同样也存在一个问题，就是被 keep-alive 包裹的组件在我们请求获取数据时不会再重新渲染页面，也就是说，如果使用动态路由做匹配，页面只会保持第一次请求数据的渲染结果，因此，需要我们在特定的情况下强制刷新某些组件，利用 include、exclude 属性：

```
<keep-alive include="bookLists,bookLists">
    <router-view></router-view>
</keep-alive>
<keep-alive exclude="indexLists">
    <router-view></router-view>
</keep-alive>
```

include 属性表示只有 name 属性为"booklists,bookLists"的组件会被缓存(注意是组件的名字，不是路由的名字)，其他组件不会被缓存。exclude 属性表示除了 name 属性为 indexLists 的组件不会被缓存，其他组件都会被缓存。如果需要缓存(或不缓存)这些组件，可利用 meta 属性，如下所示：

```
export default[
 {
  path:'/',
  name:'home',
  components:Home,
  meta:{
    keepAlive:true //需要被缓存的组件
  },
  {
  path:'/book',
  name:'book',
  components:Book,
  meta:{
    keepAlive:false //不需要被缓存的组件
  }
]
<keep-alive>
 <router-view v-if="this.$route.meat.keepAlive"></router-view>
```

```
<!--这里是会被缓存的组件-->
</keep-alive>
<keep-alive v-if="!this.$router.meta.keepAlive"></keep-alive>
<!--这里是不会被缓存的组件-->
```

5.6　小结

在本章中，我们对 Vue.js 的组件有了比较详细的了解，足以应对日常使用。组件作为 Vue.js 中很重要的一部分，内容较多，在日常开发中基本上都会用到。本章从组件的概念到组件的注册，再到组件的通信、组件的插槽都做了介绍，将这些知识点融会贯通，应用到实际工作中，开发出真正可以使用的组件，这也就是学习的目的。

第 6 章

Vue.js 模板

Vue.js 使用了基于 HTML 的模板语法，允许开发者声明式地将 DOM 绑定至底层 Vue 实例的数据。简单来说，就是将模板中的文本数据放入 DOM 中，可使用 Mustache 语法"{{}}"完成。它实质是一个允许采用简洁的模板语法来声明式地将数据渲染进 DOM 的系统。结合响应系统，在应用状态改变时，Vue 能够智能地计算出重新渲染组件的最小开销并应用到 DOM 操作上。

6.1 在模板中使用插值

文本插值绑定是数据绑定的最基本形式，用双大括号 "{{ }}" 实现，这种语法在 Vue 中称为 Mustache 语法。插值形式就是 "{{data}}" 形式，它使用的是单向绑定。首先定义一个 JavaScript 对象作为 Model，然后把这个 Model 的两个属性绑定到 DOM 节点上。

本节主要从文本、HTML、JavaScript 表达式这几个方面，来介绍如何使用模板语法 "{{}}" 渲染数据。

6.1.1 文本

最基本的数据绑定形式是文本插值，它使用的是 Mustache 语法(即双大括号)：

```
<span>Message: {{ msg }}</span>
```

双大括号标签会被替换为相应组件实例中 msg 属性的值。Vue 支持动态渲染文本，即在修改属性的同时，实时渲染文本内容。每次 msg 属性更改时文本也会同步更新。

当然，如果要在 vue 页面中定义一个变量，并显示出来，就需要事先在 data 中定义，如例 6-1 所示。

例 6-1 演示模板语法：

```
<div id="ids">
    <div>{{msg}}</div>
</div>

<script>
    var vue2 = {
        data() {
            return {
                msg: "文本数据被渲染到了 HTML！"
            }
        }
    }
    Vue.createApp(vue2).mount('#ids')
</script>
```

运行结果如图 6-1 所示。

图 6-1　使用文本插值

6.1.2　原生 HTML 代码

"{{ }}"将数据解析为纯文本，如果要解析为 HTML，则需要使用 v-html 指令。v-html 的用法示例：

```
< span  v-html="msg"></ span >
```

这里我们遇到了一个新的概念。这里看到的 v-html 属性被称为一个指令。指令用 v- 作为前缀，表明它们是一些由 Vue 提供的特殊属性，它们将为渲染的 DOM 应用特殊的响应式行为。简单来说，就是在当前组件实例上，将此元素的 innerHTML 与 rawHtml 属性保持同步。

span 的内容会被替换为 rawHtml 属性的值，插值为纯 HTML——数据绑定将会被忽略。注意，不能使用 v-html 来拼接组合模板，因为 Vue 不是一个基于字符串的模板引擎。在使用 Vue 时，应当将组件作为 UI 重用和组合的基本单元。下面通过例 6-2 来学习 v-html。

注意：在网站上动态渲染任意 HTML 是非常危险的，因为这样非常容易造成 XSS 漏洞。请仅在内容安全可信时再使用 v-html，并且永远不要使用用户提供的 HTML 内容。

例 6-2 演示输出 HTML：

```
<div id="ids">
    <div v-html="msg"></div>
</div>

<script>
    var vue2 = {
        data() {
            return {
                msg: "姓名: <input type='text' placeholder='请输入你的名字'>"
            }
        }
```

```
    }
    Vue.createApp(vue2).mount('#ids')
</script>
```

在第 2 行使用 v-html 输出 data 中定义的 msg 的值，在 msg 中使用 HTML 标签。运行
结果如图 6-2 所示。

图 6-2　使用 v-html 输出 msg 的值

例 6-3　对比使用"{{ }}"输出 msg 的值：

```
<div id="ids">
    <div>{{msg}}</div>
</div>

<script>
    var vue2 = {
        data() {
            return {
                msg: "姓名：<input type='text' placeholder='请输入你的名字'>"
            }
        }
    }
    Vue.createApp(vue2).mount('#ids')
</script>
```

在第 2 行使用"{{ }}"输出 data 中定义的 msg 的值，在 msg 中使用 HTML 标签。运
行结果如图 6-3 所示。

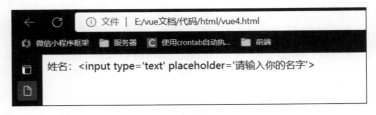

图 6-3　使用"{{ }}"输出 msg 的值

6.1.3　绑定 HTML 属性

通常，如果页面需要超链接，初学者可能会如例 6-4 所示那样写代码，运行后会发现并没有生成超链接，那么如何显示超链接呢？这时候就需要使用 Vue 属性绑定。

例 **6-4**　演示属性绑定错误：

```
<div id="ids">
    <a href="{{url}}"></a>    <!-- 错误示例 -->
    <a href=url></a> <!-- 错误示例 -->
</div>

<script>
    var vue2 = {
        data() {
            return {
                url: "www.baidu.com",
            }
        }
    }
    Vue.createApp(vue2).mount('#ids')
</script>
```

若发现超链接有问题，需要使用 v-bind 修改代码并再次运行，之后会发现超链接已经可以跳转，如例 6-5 所示。

例 **6-5**　演示属性绑定正确：

```
<div id="ids">
  <a v-bind:href="url">百度搜索</a>
</div>

<script>
    var vue2 = {
        data() {
            return {
                url: "www.baidu.com",
            }
        }
    }
    Vue.createApp(vue2).mount('#ids')
</script>
```

运行结果如图 6-4 所示。

图 6-4　属性正确绑定

v-bind 主要用于属性绑定，Vue 官方提供了一个简写方式，例如：

```
<a :href="url"></a>
```

v-bind 指令的参数会在后面详细讲解。

6.1.4　JavaScript 表达式

Vue.js 对 JavaScript 表达式是完全支持的，如对基本的数学运算、比较运算、三元运算符，函数运算都是支持的。

这些表达式会在所属的 Vue 实例数据作用域下被 JavaScript 解析，相应的限制就是，每个绑定都只能包含单个表达式。

例 6-6 使用 JavaScript 表达式渲染页面：

```
<div id="ids">
    <div>{{number + 1}}</div>
    <div>{{ok?"yes":"no"}}</div>
    <div>{{msg.split('').reverse().join('')}}</div>
</div>

<script>
    var vue2 = {
        data() {
            return {
                number: 1,
                ok: false,
                msg: "通过 javascript 表达式倒序输出"
            }
        }
    }
    Vue.createApp(vue2).mount('#ids')
</script>
```

运行结果如图 6-5 所示。

图 6-5　使用 JavaScript 表达式

　　每个绑定都只能包含单个表达式，如果使用 if 语句等浏览器将报错，如例 6-7 所示的代码将会在控制台报错。

例 6-7 错误示例。

以下代码将会在控制台报错：

```html
<div id="ids">
    <div>{{var number = 1}}</div>
    <div>{{if (ok) { return 'yes' } }}</div>
</div>

<script>
    var vue2 = {      //上面用的都是语句，不是表达式
        data() {
            return {
                ok: true,
            }
        }
    }
    Vue.createApp(vue2).mount('#ids')
</script>
```

运行结果如图 6-6 所示。

图 6-6　错误示例

6.2 在模板中使用指令

指令(directive)是特殊的带有"v-"前缀的命令，其作用是当表达式的值改变时，将某些行为应用到 DOM 上。举一个简单的例子，单击某一个按钮，会显示 div，再次单击则 div 隐藏，这里就可以通过设置属性的真假，将指令作用到 div 上来控制显示或隐藏。

使用指令最重要的原因是可以简化操作，可以更加方便地完成一些业务代码。例如，传统开发中的条件判断，一定要写到 JavaScript 中才能实现，但是现在使用指令就可以完成。

本节将涉及以下指令。

(1) v-bind：属性绑定指令。

(2) v-on：事件绑定指令。

(3) v-text：读取文本，但是不能读取 HTML 标签。

(4) v-html：读取文本，而且能读取 HTML 标签。

(5) v-once：使事件只执行一次的指令。

(6) v-pre：把标签内部的元素原位输出。

其中，v-html 已经讲过了，此处不再赘述。

6.2.1 理解指令中的参数

Vue 指令以 v-前缀开始，一些指令能够接收一个"参数"，在指令名称之后以冒号表示，如 v-bind:href。格式为"指令:参数"。

前面我们提到的超链接数据绑定，用的就是 v-bind:href。其中，href 就是参数，也叫作属性名。

1. v-bind

Vue.js 的核心是一个响应式数据绑定系统，允许在普通的 HTML 模板中使用指令将 DOM 绑定到底层数据。被绑定的 DOM 将与数据保持同步，当数据发生改动时，相应的 DOM 也会试图更新。基于这种特性，通过 Vue.js 动态绑定 class 变得非常简单。v-bind 指令就是动态样式绑定中的代表。v-bind 主要用于在标签内绑定属性，下面讲解 v-bind 的参数。

1) value

v-bind:value 能把文本绑定到文本框，如例 6-8 所示。

例 **6-8** 演示 value 属性绑定：

```
<div id="ids">
    <input type="text" v-bind:value="value">
</div>

<script>
    var vue2 = {
        data() {
            return {
                value: "通过 vue 绑定文本",
            }
        }
    }
    Vue.createApp(vue2).mount('#ids')
</script>
```

运行结果如图 6-7 所示。

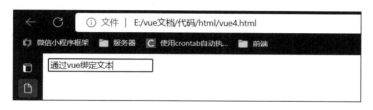

图 6-7　绑定 value

2) href

v-bind:href 能把链接绑定到超链接标签，如例 6-9 所示。

例 6-9 演示 href 属性绑定：

```
<div id="ids">
 <a v-bind:href="url">百度搜索</a>
</div>

<script>
    var vue2 = {
        data() {
            return {
                url: "www.baidu.com",
            }
        }
    }
    Vue.createApp(vue2).mount('#ids')
</script>
```

运行结果如图 6-8 所示。

图 6-8　绑定 href

3) title

v-bind:title：当鼠标指针移动到该标签上方时会显示 title 属性的值，如例 6-10 所示。

例 6-10 演示 title 属性绑定：

```html
<div id="ids">
    <div v-bind:title="title">鼠标指向我</div>
</div>

<script>
    var vue2 = {
        data() {
            return {
                title: "我是title",
            }
        }
    }
    Vue.createApp(vue2).mount('#ids')
</script>
```

运行结果如图 6-9 所示。

```html
▼<div id="ids" data-v-app>
    <div title="我是title">鼠标指向我</div>
  </div>
```

图 6-9　绑定 title

4) id

v-bind:id 绑定 id 选择器，如例 6-11 所示。

例 6-11 演示 id 属性绑定：

```html
<div id="ids">
    <div v-bind:id="id">使用 v-bind 绑定 id</div>
</div>

<script>
```

```
        var vue2 = {
            data() {
                return {
                    id: "user_id",
                }
            }
        }
    Vue.createApp(vue2).mount('#ids')
</script>
```

运行结果如图 6-10 所示。

```
▼<div id="ids" data-v-app>
    <div id="user_id">使用v-bind绑定id</div>
  </div>
```

图 6-10　绑定 id

5) class

v-bind:class 绑定 class 选择器，如例 6-12 所示。

例 6-12 演示 class 的两种属性绑定：

```
<div id="ids">
<!-- 通过布尔值来确定是否绑定 class -->
    <div v-bind:class="{class:isclass}">使用 v-bind 绑定 class</div>
    <div v-bind:class="{class:isclass1}">使用 v-bind 绑定 class</div>
<!-- 通过字符串来绑定 class -->
    <div v-bind:class="isclass2">使用 v-bind 绑定 class</div>
</div>

<script>
    var vue2 = {
        data() {
            return {
                isclass: true,
                isclass1: false,
                isclass2: "class"
            }
        }
    }
    Vue.createApp(vue2).mount('#ids')
</script>
<style>
    .class {
        color: red;
    }
</style>
```

运行结果如图 6-11 所示。

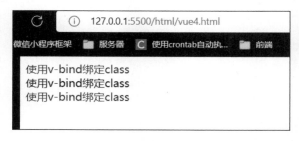

图 6-11 绑定 class

6) style

v-bind:style 绑定样式，如例 6-13 所示。

例 6-13 演示 style 的属性绑定：

```
<div id="ids">
    <div v-bind:style="styleObject">使用 v-bind 绑定 class</div>
</div>

<script>
    var vue2 = {
        data() {
            return {
                styleObject: {
                    color: "red",
                    fontSize: "30px"
                }
            }
        }
    }
    Vue.createApp(vue2).mount('#ids')
</script>
```

运行结果如图 6-12 所示。

图 6-12 绑定 style

2. v-on

v-on 用于绑定事件，如点击事件，鼠标的移入、移出等，执行对应的方法，调用的方法一般写在 methods 中。

1) click

v-on:click 用于绑定点击事件。如：

```
<div v-on:click='click'>绑定点击事件</div>
```

注意：

① 如果不需要传参数，方法后面可以不加括号 "()"。

② 如果方法需要参数，但是事件没有传参数，则会把 event 参数传到方法中。

③ 当需要传参数以及 event 时，要在 event 前面加一个$符号，如 v-on:click="btnclick('abc',$even)"。

下面通过例 6-14～例 6-16 加深对 click 注意事项的了解。

例 6-14 通过 v-on:click 取消样式绑定(不传参数的点击事件)。

```
<div id="ids">
    <div v-on:click="qh" v-bind:class="{class:isclass}">通过点击事件取消样式的绑定</div>
</div>

<script>
    var vue2 = {
        data() {
            return {
                isclass: true
            }
        },
        methods: {
            qh() {
                if (this.isclass) {
                    this.isclass = false
                    alert('取消成功')
                } else {
                    this.isclass = true
                    alert('添加成功')
                }
            }
        }
    }
```

```
        Vue.createApp(vue2).mount('#ids')
</script>
<style>
    .class {
        color: red;
    }
</style>
```

运行结果如图 6-13 所示。

图 6-13　取消样式绑定的点击事件

例 6-15 通过 v-on:click 切换样式，绑定带参数的点击事件：

```
<div id="ids">
    <div v-bind:class="classitem">通过点击事件切换样式的绑定</div>
    <button v-on:click="qh(0)">样式一</button>
    <button v-on:click="qh(1)">样式二</button>
    <button v-on:click="qh(2)">样式三</button>
</div>

<script>
    var vue2 = {
        data() {
            return {
                classitem: "class1",
                classarr: ["class1", "class2", "class3"]
            }
        },
        methods: {
            qh(index) {
                this.classitem = this.classarr[index];
                console.log(index);
            }
        }
    }
    Vue.createApp(vue2).mount('#ids')
</script>
<style>
    .class1 {
        color: black;
```

```
    }

    .class2 {
        color: red;
    }

    .class3 {
        color: green;
    }
</style>
```

运行结果如图 6-14 所示。

图 6-14　绑定传参数的点击事件

例 6-16 通过 v-on:click 切换样式，并在控制台打印按钮的 id，绑定传多个参数以及需要 event 的点击事件：

```
<div id="ids">
    <div v-bind:class="classitem">通过点击事件切换样式的绑定</div>
    <button id="btn1" v-on:click="qh(0,$event)">样式一</button>
    <button id="btn2" v-on:click="qh(1,$event)">样式二</button>
    <button id="btn3" v-on:click="qh(2,$event)">样式三</button>
</div>

<script>
    var vue2 = {
        data() {
            return {
                classitem: "class1",
                classarr: ["class1", "class2", "class3"]
```

```
            }
        },
        methods: {
            qh(index, e) {
                this.classitem = this.classarr[index];
                console.log(e.target.id);
            }
        }
    }
    Vue.createApp(vue2).mount('#ids')
</script>
<style>
    .class1 {
        color: black;
    }

    .class2 {
        color: red;
    }

    .class3 {
        color: green;
    }
</style>
```

运行结果如图 6-15 所示。

图 6-15　绑定传多个参数的事件

2) mouseenter

v-on:mouseenter 用于绑定鼠标移入事件。如：

```
<div v-on: mouseenter ="me">绑定鼠标移入事件</div>
```

具体用法如例 6-17 所示。

例 6-17 鼠标指向 div 时改变样式：

```
<div id="ids">
    <div v-on:mouseenter="qh" v-bind:class="classitem">鼠标移入时改变样式</div>
</div>

<script>
    var vue2 = {
        data() {
            return {
                classitem: "class1"
            }
        },
        methods: {
            qh() {
                this.classitem = "class2";
            }
        }
    }
    Vue.createApp(vue2).mount('#ids')
</script>
<style>
    .class1 {
        color: black;
    }

    .class2 {
        color: red;
    }
</style>
```

运行结果如图 6-16 所示。

图 6-16　绑定鼠标移入事件

3）mouseout

v-on:mouseout 绑定鼠标移出事件。如：

```
<div v-on:mouseout="me">绑定鼠标移出事件</div>
```

具体用法如例 6-18 所示。

例 6-18 鼠标移出 div 时改变样式：

```
<div id="ids">
    <div v-on:mouseenter="qh" v-bind:class="classitem">鼠标移出时改变样式</div>
</div>

<script>
    var vue2 = {
        data() {
            return {
                classitem: "class1"
            }
        },
        methods: {
            qh() {
                this.classitem = "class2";
            }
        }
    }
    Vue.createApp(vue2).mount('#ids')
</script>
<style>
    .class1 {
        color: black;
    }

    .class2 {
        color: red;
    }
</style>
```

运行结果如图 6-17 所示。

图 6-17　绑定鼠标移出事件

3. v-once

v-once 只执行一次，不是响应式的命令，数据发生改变，页面的内容不会改变。如<div

v-once>{{num}}</div>，没有参数，后面没有等号。具体用法如例 6-19 所示。

例 **6-19**　v-once 指令的使用：

```
<div id="ids">
    <div v-once v-on:mouseenter="qh" v-bind:class="classitem">{{classitem}}</div>
</div>

<script>
    var vue2 = {
        data() {
            return {
                classitem: "class1"
            }
        },
        methods: {
            qh() {
                this.classitem = "class2";
                console.log(this.classitem)
            }
        }
    }
    Vue.createApp(vue2).mount('#ids')
</script>
<style>
    .class1 {
        color: black;
    }

    .class2 {
        color: red;
    }
</style>
```

运行结果如图 6-18 所示。

图 6-18　使用 v-once

注意：在鼠标移入后，qh 方法在控制台打印出的 classitem 是发生改变的，但是 div 盒子的样式和内容并没有随之改变。这是因为 v-once 只执行一次，不是响应式的命令。

4. v-text

v-text 没有参数，替换标签内的内容，会覆盖原有内容的语法，并且标签也是原样输出。如<div v-text='url'></div>。具体用法如例 6-20 所示。

例 6-20 使用 v-text 指令将内容原样输出：

```
<div id="ids">
    <div v-text="msg"></div>
</div>

<script>
    var vue2 = {
        data() {
            return {
                msg: "姓名：<input type='text' placeholder='请输入你的名字'>"
            }
        }
    }
    Vue.createApp(vue2).mount('#ids')
</script>
```

运行结果如图 6-19 所示。

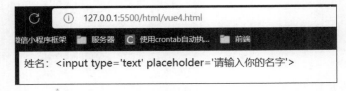

图 6-19　使用 v-text

5. v-pre

v-pre 没有参数，后面没有等号，并且 vue 实例不会进行解析。如<div v-pre>{{msg}}</div>。具体用法如例 6-21 所示。

例 6-21 使用 v-pre 指令不会解析 vue 实例：

```
<div id="ids">
    <div v-pre>{{msg}}</div>
</div>
```

```
<script>
    var vue2 = {
        data() {
            return {
                msg: "姓名：<input type='text' placeholder='请输入你的名字'>"
            }
        }
    }
    Vue.createApp(vue2).mount('#ids')
</script>
```

运行结果如图 6-20 所示。

图 6-20   使用 v-pre

6.2.2   理解指令中的动态参数

早在 2.6.0 版本的时候 Vue 就新增了动态参数，可以用方括号括起来的 JavaScript 表达式作为指令的参数：

```
<a v-bind:[attributeName]="url"> ... </a>
```

这里的 attributeName 作为 JavaScript 表达式进行动态求值，求得的值将作为最终的参数来使用：

```
export default {
  data () {
    return { attributeName: "href" }
  }
}
```

例如，如果 vue 实例有一个 data 属性 attributeName，其值为 "href"，那么这个绑定将等价于 v-bind:href。

同样，可以使用动态参数为一个动态的事件名绑定处理函数：

```
<a v-on:[eventName]="doSomething"> ... </a>
export default {
  data () {
    return { eventName: "focus" }
```

```
  }
}
```

在这个示例中，当 eventName 的值为"focus"时，v-on:[eventName]将等价于 v-on:focus。

对动态参数的值的约束：动态参数预期会求出一个字符串，异常情况下值为 null。这个特殊的 null 值可以被显式地用于移除绑定。任何其他非字符串类型的值都将触发一个警告。

对动态参数表达式的约束：动态参数表达式有一些语法约束，因为某些字符，如空格和引号，放在 HTML attribute 名里是无效的。

例如：

```
<!-- 这会触发一个编译警告 -->
<a v-bind:['foo' + bar]="value"> ... </a>
```

变通的办法是使用没有空格或引号的表达式，或用计算属性替代这种复杂表达式：

```
<a v-bind:[someAttr]="value"> ... </a>
export default {
  data () {
    return { bar: "bar" }
  },
  computed: {
    someAttr () {
      return 'foo' + bar
    }
  }
}
```

在 DOM 中使用模板(直接在 HTML 文件里撰写模板)时，还需要避免使用大写字符来命名键名，因为浏览器会把 attribute 名全部强制转换为小写：

```
<!--在 DOM 中使用模板时这段代码会被转换为 'v-bind:[someattr]'。除非在实例中有一个名为"someattr"
的 property，否则代码不会工作。-->
<a v-bind:[someAttr]="value"> ... </a>
```

动态指令参数也可以用在 v-slot 上，来定义动态的插槽名：

```
<base-layout>
  <template v-slot:[dynamicSlotName]>
    ...
  </template>
</base-layout>
```

下面是对动态参数的总结：

```
<!-- 动态 attribute 名 -->
<button v-bind:[key]="value"></button>
```

```
<!-- 动态 attribute 名缩写 -->
<button :[key]="value"></button>

<!-- 动态事件 -->
<button v-on:[event]="doThis"></button>

<!-- 动态事件缩写 -->
<button @[event]="doThis"></button>

<!-- 动态的插槽名 -->
<base-layout>
  <template v-slot:[dynamicSlotName]>
    ...
  </template>
</base-layout>

<!-- 动态的插槽名缩写 -->
<base-layout>
  <template #[dynamicSlotName]>
    ...
  </template>
</base-layout>
```

6.2.3 理解指令中的修饰符

修饰符分为两种：一种为事件修饰符；另一种为键值修饰符。下面介绍这两种修饰符的作用，具体使用案例会在后面的章节介绍。

1. 事件修饰符

在事件处理程序中调用 event.preventDefault()或 event.stopPropagation()。

(1) .stop：调用 event.stopPropagation()，阻止单击事件继续传播，代码如下：

```
<a v-on:click.stop="vue"></a>
```

(2) .prevent：调用 event.preventDefault()。例如：

```
<!-- 提交事件不再重载页面 -->
<form v-on:submit.prevent="Submit"></form>
<!-- 修饰符可以串联 -->
<a v-on:click.stop.prevent="doThat"></a>
<!-- 只有修饰符 -->
<form v-on:submit.prevent></form>
```

(3) .capture：使用 capture 模式添加事件监听器。添加事件监听器时使用事件捕获模式，即元素自身触发的事件先在此处理，然后才交给内部元素进行处理。代码如下：

```
<div v-on:click.capture="vue">...</div>
```

（4）.self：当事件是从监听元素本身触发时才触发调回，即事件不是从内部元素触发的。例如：

```
<div v-on:click.self="vue">...</div>
```

（5）.once：单击事件只会触发一次。例如：

```
<a v-on:click.once="vue"></a>
```

（6）.passive：滚动事件的默认行为(即滚动行为)将会立即触发，而不会等待 onScroll 完成，这其中包含 event.preventDefault()的情况。例如：

```
<div v-on:scroll.passive="onScroll">...</div>
```

使用修饰符时，顺序很重要，相应的代码会以同样的顺序产生。因此，用 @click.prevent.self 会阻止所有的单击，而@click.self.prevent 只会阻止元素上的单击。

2. 键值修饰符

在监听键盘事件时，我们经常需要检测 keyCode。Vue.js 允许为 v-on 添加按键修饰符：例如：

```
<!-- 只有在 keyCode 为 20 时调用 vm.submit() -->
<input v-on:keyup.20="submit">
<!-- 只有在 keyCode 为 vue 时调用 vm.submit() -->
<input v-on:keyup.vue="submit">
<!-- 缩写语法 -->
<input @keyup.vue="submit">
```

想要记住所有的 keyCode 比较困难，Vue.js 为最常用的按键提供了别名。按键别名有如下几个：.enter、.tab、.delete、.esc、.space、.down、.up、.left、.right。

在 Vue 中，可以通过全局 config.keyCodes 对象自定义键值修饰符别名：

```
//可以使用 v-on:keyup.
Vue.config.keyCodes.vue = hello
```

6.3 在模板中使用指令的缩写

指令特性的值预期是单个 JavaScript 表达式。指令的职责是，当表达式的值改变时，将其产生的连带影响响应式地作用于 DOM。

6.3.1　使用 v-bind 指令的缩写

一些指令能够接收一个"参数"，在指令名称之后以特殊的符号表示。例如，v-bind 指令可以响应式地更新 HTML 特性：

```
<!-- 完整语法 -->
<a v-bind:href="url">...</a>

<!-- 缩写 -->
<a :href="url">...</a>
```

在这里 href 是参数，告知 v-bind 指令将 a 标签的 href 特性与表达式 url 的值绑定。

例 6-22　使用 v-bind 指令的缩写：

```
<div id="ids">
  <a :href="url">百度搜索</a>
</div>

<script>
    var vue2 = {
        data() {
            return {
                url: "www.baidu.com",
            }
        }
    }
    Vue.createApp(vue2).mount('#ids')
</script>
```

运行结果如图 6-21 所示。

图 6-21　使用 v-bind 指令的缩写

6.3.2 使用 v-on 指令的缩写

另一个例子是 v-on 指令，它用于监听 DOM 事件：

```
<a v-on:click="doSomething">...</a>
```

v-前缀作为一种视觉提示，用来识别模板中 Vue 特定的特性。当使用 Vue.js 为现有标签添加动态行为(dynamic behavior)时，v- 前缀很有帮助，然而，对于一些频繁用到的指令来说，就会感到使用起来很烦琐。同时，在构建由 Vue 管理所有模板的单页面应用程序(single page application，SPA)时，v- 前缀也变得没那么重要了。因此，Vue 为 v-bind 和 v-on 这两个最常用的指令提供了简写形式。它们看起来可能与普通的 HTML 略有不同，但:与 @ 对于特性名来说都是合法字符，在所有支持 Vue 的浏览器中都能被正确解析。而且它们不会出现在最终渲染的标记中。

```
<!-- 完整语法 -->
<a v-on:click="doSomething">...</a>
<!-- 缩写 -->
<a @click="doSomething">...</a>
```

例 6-23 使用 v-on 指令的缩写：

```
<div id="ids">
    <div v-bind:class="classitem">通过点击事件切换样式的绑定</div>
    <button @click="qh(0)">样式一</button>
    <button @click="qh(1)">样式二</button>
    <button @click="qh(2)">样式三</button>
</div>

<script>
    var vue2 = {
        data() {
            return {
                classitem: "class1",
                classarr: ["class1", "class2", "class3"]
            }
        },
        methods: {
            qh(index) {
                this.classitem = this.classarr[index];
                console.log(index);
            }
        }
    }
```

```
    Vue.createApp(vue2).mount('#ids')
</script>
<style>
    .class1 {
        color: black;
    }

    .class2 {
        color: red;
    }

    .class3 {
        color: green;
    }
</style>
```

运行结果如图 6-22 所示。

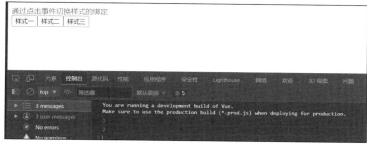

图 6-22　使用 v-on 指令的缩写

6.4　综合实例

学会插值和指令后，就可以写一些完整的网页了，本节来看一个综合实例。

例 6-24　随机选择解决方案：

```
<div id="ids">
    <!-- 在模板中使用插值 -->
    <div id="text">{{text}}</div>
```

```html
    <div id="btn_box">
        <!-- 使用 v-bind 和 v-on 指令的缩写 -->
        <button class="css_btn" :disabled="isdisplay" @click="startf">开始冥想</button>
        <button class="css_btn" @click="stopf">{{stop}}</button>
    </div>
    <img class="img_l" src="https://s1.hdslb.com/bfs/seed/jinkela/short/mini-
login/img/22_open.72c00877.png" alt="">
    <img class="img_r" src="https://s1.hdslb.com/bfs/seed/jinkela/short/mini-
login/img/33_open.43a09438.png" alt="">
</div>

<script>
    // 创建一个应用实例
    var vue2 = {
        data() {
            return {
                arr: ["夏日重现", "间谍过家家", "莉可丽丝", "凡人修仙传", "灵笼", "风灵玉秀"],
                arr2: ["vue", "java", "c语言", "Python", "算法", "数据结构"],
                text: "看什么好呢",
                stop: "前去看番",
                isdisplay: false,
                time: "",
                index_z: "",
                index_y: "",
                flag: 0,
                sum: 0,
                length: 5,
                length2: 5
            }
        },
        methods: {
            show() {
                if (this.sum < 4) {
                    // 随机获取数组的数据
                    var r = Math.random() * this.length;
                    if (this.index_z == Math.round(r)) this.index_z = (this.index_z
+ this.length - 1) % this.length;
                    else this.index_z = Math.round(r);
                    this.text = this.arr[this.index_z];
                } else {
                    var r = Math.random() * this.length2;
                    if (this.index_y == Math.round(r)) this.index_y = (this.index_y
+ this.length2 - 1) % this.length2;
                    else this.index_y = Math.round(r);
                    this.text = this.arr2[this.index_y];
                }
            },
```

```
        startf() {
            // 开启学习模式
            if (this.sum == 4) {
                // 切换模板中使用的插值文字
                this.text = "啥都不看，想学习是吧！";
                setTimeout(() => {
                    // 调用 show 方法时也需要加 this
                    time = setInterval(this.show, 200);
                    this.isdisplay = true;
                    this.stop = "就是你了";
                    this.flag = 0;
                }, 500);
            } else {
                time = setInterval(this.show, 200);
                this.isdisplay = true;
                this.stop = "就是你了";
                this.flag = 0;
            }
        },
        stopf() {
            if (!this.index_z) {

            } else {
                if (this.flag == 0) {
                    clearTimeout(time);
                    this.isdisplay = false;
                    this.stop = "前去看番";
                    this.flag = 1;
                    this.sum++;
                } else if (this.flag == 1) {
                    // 跳转到 b 站
                    window.location = "https://search.bilibili.com/all?keyword="
+ this.arr[this.index_z] + "&from_source=webtop_search&spm_id_from=333.1007";
                }
            }
        }
    }
}
Vue.createApp(vue2).mount('#ids')
</script>
<style>
    #ids {
        width: 300px;
        height: 100px;
        background-color: #00000022;
        position: fixed;
        top: 60px;
```

```
        left: 50%;
        transform: translateX(-50%);
        z-index: 999;
        border-radius: 10px;
        overflow: hidden;
    }

    #text {
        border: 1px yellow;
        width: auto;
        text-align: center;
        margin-top: 20px;
    }

    #btn_box {
        width: 200px;
        margin: 10px auto;
        display: flex;
        justify-content: space-around;
    }

    .css_btn {
        -webkit-background-clip: text;
        background-clip: text;
        color: rgb(10, 76, 175);
        border-width: 1px;
        border-color: rgb(10, 76, 175);
    }

    .img_l {
        width: 50px;
        position: absolute;
        bottom: 0px;
    }

    .img_r {
        width: 50px;
        position: absolute;
        bottom: 0px;
        right: 0;
    }
</style>
```

运行结果如图 6-23～图 6-25 所示。

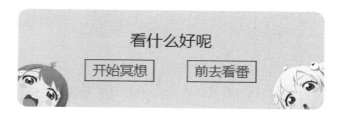

图 6-23　开始思考

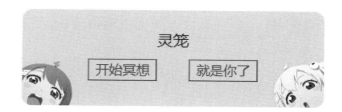

图 6-24　随机选择

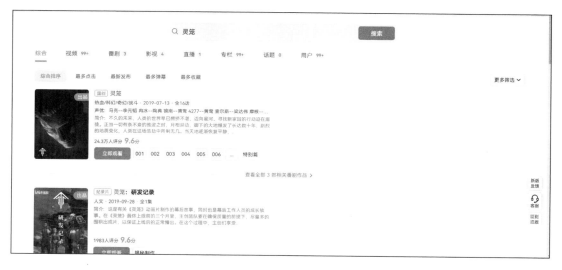

图 6-25　跳转成功

6.5　小结

在本章中，我们对 Vue.js 的模板有了比较详细的了解，足以应对日常使用。Vue.js 模板作为 Vue.js 中很重要的一部分，内容较多，在日常开发中基本上都会用到。本章从在模板中使用插值的多种方法到在模板中使用指令，再到指令的缩写都做了介绍，将这些知识点融会贯通，应用到实际工作中，开发出真正可以使用的可交互网页，这也就是学习的目的。

第 7 章

Vue.js 计算属性与侦听器

　　代码简洁和提高浏览器的性能一直是我们所追求的,使用本章所介绍的计算属性与侦听器,可以使我们的代码不再臃肿,并且能大幅度提高浏览器的性能。

7.1　通过实例理解"计算属性"的必要性

模板中的表达式虽然方便,但也只能进行简单的操作。如果在模板中写太多逻辑,会让模板变得臃肿,难以维护,如例 7-1 所示。

例 7-1 使用 JavaScript 表达式判断书籍信息:

```html
<div id="ids">
    <p>Has published books:</p>
    <span>{{ author.books.length > 0 ? 'Yes':'No' }}</span>
</div>

<script>
    var vue2 = {
        data() {
            return {
                author: {
                    name: 'John Doe',
                    books: [
                        'Vue 2 - Advanced Guide',
                        'Vue 3 - Basic Guide',
                        'Vue 4 - The Mystery'
                    ]
                }
            }
        }
    }
    Vue.createApp(vue2).mount('#ids')
</script>
```

运行结果如图 7-1 所示。

图 7-1　使用 JavaScript 表达式

这里的模板看起来有些复杂,必须认真看,才能明白它的计算依赖于 author.books。更重要的是，如果在模板中需要进行多次这样的计算，没必要将这样的代码在模板里重复写好多遍。因此，推荐使用计算属性来描述依赖响应式状态的复杂逻辑，如例 7-2 所示。

例 7-2　重构后的示例：

```html
<div id="ids">
    <p>Has published books:</p>
    <span>{{ publishedBooksMessage }}</span>
</div>

<script>
    var vue2 = {
        data() {
            return {
                author: {
                    name: 'John Doe',
                    books: [
                        'Vue 2 - Advanced Guide',
                        'Vue 3 - Basic Guide',
                        'Vue 4 - The Mystery'
                    ]
                }
            }
        },
        computed: {
            // 一个计算属性的 getter
            publishedBooksMessage() {
                // this 指向当前组件实例
                return this.author.books.length > 0 ? 'Yes':'No'
            }
        }
    }
    Vue.createApp(vue2).mount('#ids')
</script>
```

运行结果如图 7-2 所示。

图 7-2　使用计算属性判断书籍信息

我们在这里定义了一个计算属性 publishedBooksMessage。

更改此应用的 data 中 books 数组的值后,可以看到 publishedBooksMessage 也会随之改变。在模板中使用计算属性的方式和一般的属性是一样的。Vue 会检测到 this.publishedBooksMessage 依赖于 this.author.books,所以当 this.author.books 改变时,任何依赖于 this.publishedBooksMessage 的绑定都将同时更新。

7.2 声明"计算属性"

在一个"计算属性"里可以完成各种复杂的逻辑,包括运算、函数调用等,只要最终返回一个结果就可以。除了例 7-2 中的简单用法外,计算属性还可以依赖多个 Vue 实例的数据,只要其中任何一个数据变化,计算属性就会重新执行,视图也会更新。接下来通过一个"计算属性"实例来讲解。

Computed 代表的是某个组件(component)的属性,该属性是计算出来的。因此,如果要在 Vue 页面中定义一个计算属性,并显示出来,就需要事先在 component 中声明"计算属性",如例 7-3 所示。

例 7-3 声明"计算属性":

```
<div id="ids">
    <div>
        {{ points }}
    </div>
</div>

<script>
    var vue2 = {
        data() {
            return {
                mount: 1
            }
        },

        computed: {
            points() {
                return ++this.mount
            }
        }
    }
    Vue.createApp(vue2).mount('#ids')
</script>
```

运行结果如图 7-3 所示。

图 7-3   声明 "计算属性"

这里定义了一个叫作 points 的 computed 属性，然后在页面中显示这个 "计算属性"，points 就可以把数据显示出来。

7.3   "计算属性" 缓存与方法的关系

在表达式中像下面这样调用一个函数，也会获得和 "计算属性" 相同的结果：

```
<p>{{ calculateBooksMessage() }}</p>
// 组件中
methods: {
  calculateBooksMessage() {
    return this.author.books.length > 0 ? 'Yes':'No'
  }
}
```

若将同样的函数定义为一个方法而不是 "计算属性"，在结果上确实是完全相同的。不同之处在于，计算属性值会基于其响应式依赖被缓存。"计算属性" 只在其响应式依赖更新时才重新计算。这意味着只要 author.books 不改变，无论访问多少次 publishedBooksMessage，都会立即返回先前的计算结果，而不会重复执行 getter 函数。

这也解释了为什么下面的 "计算属性" 永远不会更新，因为 Date.now() 并不是一个响应式依赖：

```
computed: {
  now() {
    return Date.now()
  }
}
```

相比之下，方法调用总是会在重渲染发生时再次执行函数。

想象一下，如果有一个开销非常大的计算属性 list，需要循环遍历一个巨大的数组并做许多计算逻辑，而且可能也有其他计算属性依赖于 list，若没有缓存，会重复执行多次 list 的计算函数，然而，这实际上没有必要！如果确定不需要缓存，那么也可以使用方法调用。

7.4 计算属性的注意事项

计算属性的注意事项有以下几点。

(1) 计算函数不应有副作用。

(2) 避免直接修改计算属性值。

(3) 计算属性无法追踪非响应式依赖。

(4) 计算属性必须返回结果。

(5) 计算属性基于它的依赖缓存。一个计算属性所依赖的数据发生变化时，它才会重新取值。

(6) 使用计算属性还是 methods 取决于是否需要缓存，当遍历大数组和做大量计算时，应当使用计算属性，除非不希望得到缓存。

(7) 计算属性是根据依赖自动执行的，methods 需要事件调用。

7.4.1 计算函数不应有副作用

计算属性的计算函数应只做计算，不能有任何其他副作用，这一点非常重要，请务必牢记。举例来说，不要在计算函数中做异步请求或者更改 DOM！计算属性的声明中描述的是如何根据其他值派生一个值。因此，计算函数的职责应该只是计算和返回该值。后面我们会讨论如何使用监听器根据其他响应式状态的变更来创建副作用。

7.4.2 避免直接修改计算属性值

从计算属性返回的值是派生的，可以把它看作一个"临时快照"，每当源状态发生变化时，就会创建一个新的快照。更改快照是没有意义的，因此，计算属性的返回值应该被视为只读的，并且永远不应该被更改——应该更新它所依赖的源状态以触发新的计算。

7.4.3 计算属性无法追踪非响应式依赖

若想监听页面的宽度变化，直接在 computed()中使用 document.querySelector("body").offsetWidth 是无法实现的，因为获取的值不是响应式的，只是一个数字。要想实时监听页面宽度，可以使用 window.onresize 的回调方法，或者使用其他方法(例如定时器，但是要考虑页面的性能)。

在模板中使用调用方法，也不能实现实时监听宽度变化，因为模板中的方法只在渲染的时候调用一次，随后 DOM 不再重新渲染的话，就获取不到最新的宽度。可以考虑使用 nextTick()或者其他方法。

7.5 为什么需要侦听器

计算属性允许声明式地计算衍生值。然而在有些情况下，需要在状态变化时执行一些"副作用"：例如更改 DOM，或是根据异步操作的结果修改另一处的状态。这时就需要用到侦听器。

(1) Vue 提供了一种更通用的方式来观察和响应 Vue 实例上的数据变动：侦听属性，当属性发生改变时，自动触发属性对应的侦听器。

(2) 若需要在数据变化时执行异步操作或开销较大的操作，这个侦听器最有用。

7.5.1 理解侦听器

1. 基本示例

在选项式 API 中，可以使用 watch 选项，在每次响应式属性发生变化时，触发一个函数。

2. 深层侦听器

watch 默认是浅层的、被侦听的属性，仅在被赋新值时，才会触发回调函数，而嵌套属性的变化不会触发。如果想侦听所有嵌套的更新，就需要深层侦听器：

```
export default {
  watch: {
    someObject: {
      handler(newValue, oldValue) {
        // 注意：在嵌套的更新中，只要没有替换对象本身，那么这里的 newValue 和 oldValue 相同
      },
      deep: true
    }
  }
}
```

深度侦听需要遍历被侦听对象中所有嵌套的属性，当用于大型数据结构时，开销很大。

因此应谨慎使用，只在必要时使用，并且要留意性能。

3. 即时回调的侦听器

watch 默认是懒执行的，即仅当数据源变化时，才会执行回调。但在某些场景中，我们希望在创建侦听器时立即执行一遍回调函数。也就是说，我们想请求一些初始数据，然后在相关状态更改时重新请求数据。

我们可以用一个对象来声明侦听器，这个对象有 handler 方法和 immediate: true 选项，这样便能强制回调函数立即执行：

```
export default {
  // ...
  watch: {
    question: {
      handler(newQuestion) {
        // 在组件实例创建时会立即调用
      },
      // 强制立即执行回调函数
      immediate: true
    }
  }
  // ...
}
```

4. 回调的触发时机

当更改响应式状态时，可能会同时触发 Vue 组件更新和侦听器回调。

默认情况下，用户创建的侦听器回调都会在 Vue 组件更新之前被调用。这意味着在侦听器回调中访问的 DOM 都是被 Vue 更新之前的状态。

如果想在侦听器回调中能访问被 Vue 更新的 DOM，就需要指明 flush: 'post' 选项：

```
export default {
  // ...
  watch: {
    key: {
      handler() {},
      flush: 'post'
    }
  }
}
```

5. this.$watch()

我们也可以使用组件实例的 $watch() 方法命令式地创建一个侦听器：

```
export default {
  created() {
    this.$watch('question', (newQuestion) => {
      // ...
    })
  }
}
```

如果要在特定条件下设置一个侦听器，或者只侦听响应用户交互的内容，这方法很有用。它还允许提前停止侦听器。

6. 停止侦听器

用 watch 选项或者 $watch() 实例方法声明的侦听器，会在宿主组件卸载时自动停止。因此，在大多数场景下，我们无须关心怎么停止侦听器。

在少数情况下，我们的确需要在组件卸载之前就停止侦听器，这时可以调用$watch() API 返回的函数：

```
const unwatch = this.$watch('foo', callback)
// 当该侦听器不再需要时
unwatch()
```

7.5.2 一个侦听器的实例

通过侦听器来实现一个当输入的问题有问号 "?" 时，answer 变量改为 Thinking...的实例，来高效地理解侦听器的作用：

```
<div id="ids">
    <p>
        Ask a yes/no question:
        <input v-model="question" />
    </p>
    <p>{{ answer }}</p>

</div>

<script>
    var vue2 = {
```

```
        data() {
            return {
                question: '',
                answer: 'Questions usually contain a question mark. ;-)'
            }
        },
        watch: {
            // 每当 question 改变时，这个函数就会执行
            question(newQuestion, oldQuestion) {
                if (newQuestion.includes('?')) {
                    this.getAnswer()
                }
            }
        },
        methods: {
            async getAnswer() {
                this.answer = 'Thinking...'
            }
        }

    }
  Vue.createApp(vue2).mount('#ids')
</script>
```

运行结果如图 7-4 和图 7-5 所示。

图 7-4　未输入 "?" 时 answer 的值

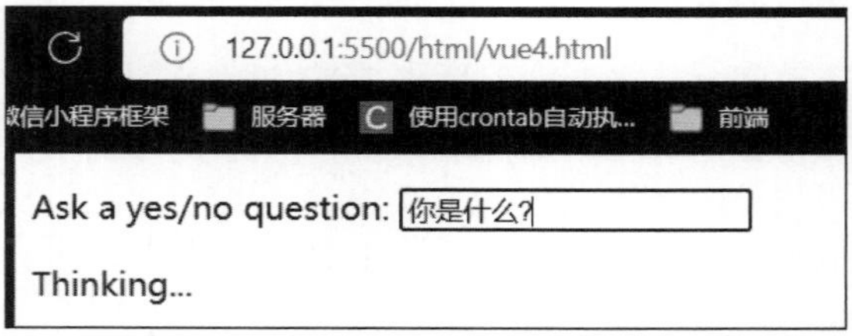

图 7-5　输入 "?" 时 answer 的值

7.6　综合实例

在第 6 章的综合实例中，如果需要修改随机选择的数组，也需要手动修改 length 和 length2 两个属性，结合本章学到的计算属性，我们来对第 6 章的代码进行完善。

```
<div id="ids">
    <!-- 在模板中使用插值 -->
    <div id="text">{{text}}</div>
    <div id="btn_box">
        <!-- 使用 v-bind 和 v-on 指令的缩写 -->
        <button class="css_btn" :disabled="isdisplay" @click="startf">开始冥想</button>
        <button class="css_btn" @click="stopf">{{stop}}</button>
    </div>
    <img class="img_l" src="https://s1.hdslb.com/bfs/seed/jinkela/short/mini-
login/img/22_open.72c00877.png" alt="">
    <img class="img_r" src="https://s1.hdslb.com/bfs/seed/jinkela/short/mini-
login/img/33_open.43a09438.png" alt="">

</div>

<script>
    // 创建一个应用实例
    var vue2 = {
        data() {
            return {
                arr: ["夏日重现", "间谍过家家", "莉可丽丝", "凡人修仙传", "灵笼", "风灵玉秀"],
                arr2: ["黑马程序员", "java", "c 语言", "Python", "算法", "数据结构"],
                text: "看什么好呢",
                stop: "前去看番",
                isdisplay: false,
                time: "",
                index_z: "",
                index_y: "",
                flag: 0,
                sum: 0,
            }
        },
        computed: {
            length() {
                return this.arr.length - 1
            },
```

```
            length2() {
                return this.arr2.length - 1
            }
        },
    methods: {
        show() {
            if (this.sum < 4) {
                // 随机获取数组的数据
                var r = Math.random() * this.length;
                if (this.index_z == Math.round(r)) this.index_z = (this.index_z
+ this.length - 1) % this.length;
                else this.index_z = Math.round(r);
                this.text = this.arr[this.index_z];
            } else {
                var r = Math.random() * this.length2;
                if (this.index_y == Math.round(r)) this.index_y = (this.index_y
+ this.length2 - 1) % this.length2;
                else this.index_y = Math.round(r);
                this.text = this.arr2[this.index_y];
            }
        },
        startf() {
            // 开启学习模式
            if (this.sum == 4) {
                // 切换模板中使用的插值文字
                this.text = "啥都不看, 想学习是吧! ";
                setTimeout(() => {
                    // 调用 show 方法时也需要用 this
                    time = setInterval(this.show, 200);
                    this.isdisplay = true;
                    this.stop = "就是你了";
                    this.flag = 0;
                }, 500);
            } else {
                time = setInterval(this.show, 200);
                this.isdisplay = true;
                this.stop = "就是你了";
                this.flag = 0;
            }
        },
        stopf() {
            if (!this.index_z) {
```

```
                        } else {
                            if (this.flag == 0) {
                                clearTimeout(time);
                                this.isdisplay = false;
                                this.stop = "前去看番";
                                this.flag = 1;
                                this.sum++;
                            } else if (this.flag == 1) {
                                // 跳转到 b 站
                                window.location = "https://search.bilibili.com/all?keyword="
+ this.arr[this.index_z] + "&from_source=webtop_search&spm_id_from=333.1007";
                            }
                        }
                    }
                }
            }
    Vue.createApp(vue2).mount('#ids')
</script>
<style>
    #ids {
        width: 300px;
        height: 100px;
        background-color: #00000022;
        position: fixed;
        top: 60px;
        left: 50%;
        transform: translateX(-50%);
        z-index: 999;
        border-radius: 10px;
        overflow: hidden;
    }

    #text {
        border: 1px yellow;
        width: auto;
        text-align: center;
        margin-top: 20px;
    }

    #btn_box {
        width: 200px;
        margin: 10px auto;
        display: flex;
```

```
        justify-content: space-around;
    }

    .css_btn {
        -webkit-background-clip: text;
        background-clip: text;
        color: rgb(10, 76, 175);
        border-width: 1px;
        border-color: rgb(10, 76, 175);
    }

    .img_l {
        width: 50px;
        position: absolute;
        bottom: 0px;
    }

    .img_r {
        width: 50px;
        position: absolute;
        bottom: 0px;
        right: 0;
    }
</style>
```

运行结果如图 7-6～图 7-8 所示。

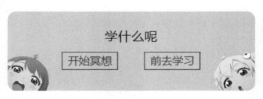

图 7-6 开始思考

图 7-7 随机选择

图 7-8　跳转成功

7.7　小结

在本章中，我们对 Vue.js 的计算属性和侦听器有了比较详细的了解，足以应对日常使用。计算属性和侦听器作为 Vue.js 中很重要的一部分，在日常开发中基本上都会用到。本章从使用计算属性的必要性到计算属性和方法的关系，再到计算属性的注意事项、侦听器的理解和实例都做了介绍，将这些知识点融会贯通，应用到实际工作中，可以减轻网页的运行负担，这也就是学习的目的。

第 8 章

Vue.js 样式

数据绑定常见的需求是操作元素的 class 列表和它的内联样式，通常只需要计算出表达式最终的字符串即可，但是使用字符串拼接麻烦又易错。Vue.js 专门增强了 v-bind 在 class 和 style 方面的应用，因此，本章将介绍使用 v-bind 指令绑定 class 和 style 多种方法设置元素的样式。除了以上提到的字符串以外，表达式的结果类型还可以是对象或数组。

8.1 绑定样式 class

给 v-bind:class 设置一个对象，可以动态地切换 class。

8.1.1 在 class 中绑定字符串

字符串语法：可以传给 v-bind:class 一个字符串，以动态地切换 class。注意，v-bind:class 指令可以与普通的 class 特性共存。

语法格式如下：

```
v-bind:class="className1"
```

具体运用如例 8-1 所示。

例 8-1 在 class 中绑定字符串：

```
<div id="ids">
<!--直接通过字符串来绑定 class -->
    <div v-bind:class="isclass2">使用 v-bind 绑定 class</div>
</div>

<script>
    var vue2 = {
        data() {
            return {
                isclass2: "class"
            }
        }
    }
    Vue.createApp(vue2).mount('#ids')
</script>
<style>
    .class {
        color: red;
    }
</style>
```

运行结果如图 8-1 所示。

图 8-1　在 class 中绑定字符串

8.1.2　在 class 中绑定对象

对象语法：可以传给 v-bind:class 一个对象，以动态地切换 class。注意，v-bind:class 指令可以与普通的 class 特性共存。

语法格式如下：

```
v-bind:class="{'className1':boolean1,'className2':boolean2}"
```

具体运用如例 8-2 所示。

例 8-2　在 class 中绑定对象：

```
<div id="ids">
<!--在 class 中绑定对象-->
    <div v-bind:class="{class:isclass}">在 class 中绑定对象</div>
</div>

<script>
    var vue2 = {
        data() {
            return {
                isclass: true
            }
        }
    }
    Vue.createApp(vue2).mount('#ids')
</script>
<style>
    .class {
        color: red;
    }
</style>
```

运行结果如图 8-2 所示。

图 8-2　在 class 中绑定对象

8.1.3　在 class 中绑定数组

数组语法：可以把一个数组传给 v-bind:class，以应用一个 class 列表。
语法格式如下：

```
v-bind:class="[class1,class2]"
```

具体运用如例 8-3 所示。

例 8-3　在 class 中绑定数组：

```html
<div id="ids">
    <!--在 class 中绑定数组-->
    <div v-bind:class="[arr1,arr2,arr3]">在 class 中绑定数组</div>
</div>

<script>
    var vue2 = {
        data() {
            return {
                arr1: 'class1',
                arr2: 'class2',
                arr3: 'class3',
            }
        }
    }
    Vue.createApp(vue2).mount('#ids')
</script>
<style>
    .class1 {
        color: red;
    }

    .class2 {
        font-size: xx-large;
    }
```

```
    .class3 {
        font-weight: 800;
    }
</style>
```

运行结果如图 8-3 所示。

图 8-3　在 class 中绑定数组

8.2　绑定内联样式

使用 v-bind:style(即:style)可以给元素绑定内联样式，方法与:class 类似。也存在对象语法和数组语法，看起来很像在元素上直接写 CSS。

8.2.1　在内联样式中绑定对象

对象语法：可以传给 v-bind:style 一个对象，以动态地切换 style。注意，v-bind:style 指令可以与普通的 style 特性共存。

语法格式如下：

```
v-bind:style="styleObject"
```

具体运用如例 8-4 所示。

例 8-4　在内联样式中绑定对象：

```
<div id="ids">
    <div v-bind:style="styleObject">在内联样式中绑定对象</div>
</div>

<script>
    var vue2 = {
        data() {
            return {
```

```
            styleObject: {
                color: "red",
                fontSize: "30px"
            }
        }
    }
}
Vue.createApp(vue2).mount('#ids')
</script>
```

运行结果如图 8-4 所示。

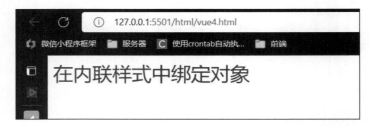

图 8-4　在内联样式中绑定对象

8.2.2　在内联样式中绑定数组

数组语法：可以把一个数组传给 v-bind:style，以应用一个 style 列表。
语法格式如下：

```
v-bind:style="[baseStyles, overridingStyles]
```

具体运用如例 8-5 所示。

例 8-5 在内联样式中绑定数组：

```
<div id="ids">
    <div v-bind:style="[baseStyles, overridingStyles]">在内联样式中绑定数组</div>
</div>

<script>
    var vue2 = {
        data() {
            return {
                baseStyles: {
                    color: 'red',
                    fontSize: '13px'
                },
                overridingStyles: {
```

```
                    width: '100px',
                    marginTop: '20px'
                }
            }
        }
    }
    Vue.createApp(vue2).mount('#ids')
</script>
```

运行结果如图 8-5 所示。

图 8-5　在内联样式中绑定数组

8.2.3　在内联样式中绑定多重值

Vendor Prefix(浏览器引擎前缀)是一些放在 CSS 属性前的小字符串，用来确保这些属性只在特定的浏览器渲染引擎下才能识别和生效。谷歌浏览器和 Safari 浏览器使用的是 WebKit 渲染引擎，火狐浏览器使用的是 Gecko 引擎，Internet Explorer 使用的是 Trident 引擎，Opera 以前使用 Presto 引擎，后改为 WebKit 引擎。一种浏览器引擎一般不实现其他引擎前缀标识的 CSS 属性，但由于以 WebKit 为引擎的移动浏览器相当流行，因此，火狐等浏览器在其移动版里也实现了部分 WebKit 引擎前缀的 CSS 属性。

浏览器引擎前缀有哪些？

```
-moz-          /* 火狐等使用 Gecko 引擎的浏览器 */
-webkit-       /* Safari、谷歌浏览器等使用 Webkit 引擎 */
-o-            /* Opera 浏览器(早期) */
-ms-           /* Internet Explorer*/
```

这些前缀并非所有属性都需要，但通常加上这些前缀不会有任何害处——只要记住一条，把不带前缀的版本放到最后一行：

```
-webkit-animation-name: fadeIn;
-moz-animation-name: fadeIn;
-o-animation-name: fadeIn;
-ms-animation-name: fadeIn;
animation-name: fadeIn; /* 不带前缀的版本放到最后 */
```

Vue.js 提供了多重值的方便书写形式：

```
<div :style="{ display: ['-webkit-box', '-ms-flexbox', 'flex'] }">
```

数组仅会渲染浏览器支持的最后一个值。这里，在不需要特殊前缀的浏览器中都会渲染为 display: flex。

例 8-6 在内联样式中绑定多重值：

```
<div id="ids">
    <div :style="{ display: ['-webkit-box', '-ms-flexbox', 'flex'] }">在内联样式中绑定多重值</div>
</div>

<script>
    var vue2 = {
        data() {
            return {}
        }
    }
    Vue.createApp(vue2).mount('#ids')
</script>
```

运行结果如图 8-6 所示。

图 8-6　在内联样式中绑定多重值

8.3　综合实例

在学会 Vue 样式后，我们就可以美化自己的网页了。本节介绍如何把这些知识运用到网页中，如例 8-7 所示。

例 8-7 手风琴效果：

```html
<div id="ids">
    <div class="title">
        <div @click="qh()">1、{{title}}</div>
    </div>
    <div class="content" :class="{'height': isshow}" v-for="(item,index) in items">
        <div class="item">
            {{item}}
        </div>
    </div>
</div>

<script>
    var vue2 = {
        data() {
            return {
                isshow: false,
                height: "height",
                title: "课程",
                items: ["数据结构", "算法", "java", "vue"]
            }
        },
        created: function() {},
        methods: {
            qh() {
                this.isshow = !this.isshow
            }
        }
    }
    Vue.createApp(vue2).mount('#ids')
</script>
<style>
    #ids {
        width: 300px;
        position: fixed;
        top: 60px;
        left: 50%;
        transform: translateX(-50%);
        border: 1px solid #ddeded;
    }

    .title {
        height: 50px;
        line-height: 50px;
        cursor: pointer;
        color: #749797;
    }
```

```
    .content {
        padding-left: 10px;
    }

    .height {
        height: 0;
        overflow: hidden;
    }
</style>
```

运行结果如图 8-7 和图 8-8 所示。

1、课程

图 8-7　手风琴收起

1、课程

数据结构
算法
java
vue

图 8-8　手风琴展开

8.4　小结

在本章中，我们对 Vue.js 的样式绑定有了比较详细的了解，足以能应对日常使用。样式作为网页中很重要的一部分，在页面美化方面会用到。本章从在 class 中绑定字符串到绑定对象和数组，再到在内联样式中绑定对象、数组和多重值都做了介绍，将这些知识点融会贯通，应用到实际工作中，可以美化页面，这也就是学习的目的。

第 9 章

Vue.js 表达式

Vue.js 表达式是 Vue 中最常用的语法，灵活地运用条件表达式和循环渲染，也更有利于前后端分离。

本章将详细介绍 Vue.js 表达式的使用方法。学习本章之后，读者将学会：

- 使用条件表达式对元素进行条件性渲染。
- 使用循环表达式基于数组来渲染列表。
- 了解 v-for 指令的不同使用场景。

9.1　Vue 表达式的优点

　　早期的 Web 项目一般是在服务器端进行渲染，服务器进程从数据库获取数据后，利用后端模板引擎，甚至直接在 HTML 模板中嵌入后端语言(例如 JSP)将数据加载进来，生成 HTML，然后通过网络传输到用户的浏览器，被浏览器解析成可见的页面。而前端渲染则是在浏览器里利用 JS 把数据和 HTML 模板进行组合。两种方式各有优缺点，用户需要根据自己的业务场景来选择技术方案。

　　前端渲染的优点如下。

　　(1) 业务分离，后端只需要提供数据接口，前端在开发时也不需要部署对应的后端环境，通过一些代理服务器工具就能远程获取后端数据进行开发，从而提升开发效率。

　　(2) 计算量转移，原本需要后端渲染的任务转移给了前端，减轻了服务器的压力。

　　后端渲染的优点如下。

　　(1) 对搜索引擎友好。

　　(2) 首页加载时间短，后端渲染加载完成后就直接显示 HTML，但前端渲染在加载完成后还需要有段 JS 渲染的时间。

　　Vue 的出现，让开发者有了更多的选择，Vue.js 作用于 HTML 元素，其指令提供了一些特殊的特性，将指令绑定在元素上时，指令会为绑定的目标元素添加一些特殊的行为，我们可以将指令看作特殊的 HTML 特性(attribute)。指令的作用是：当表达式的值改变时，将其产生的连带影响响应式地作用于 DOM。

　　Vue.js 表达式有以下指令。

　　(1) v-if 指令：用于条件性地渲染内容，此内容只在指令的表达式返回 true 值时被渲染。

　　(2) v-else 指令：表示 v-if 的"else 块"。

　　(3) v-else-if 指令：表示 v-if 的"else-if 块"。

　　(4) v-show 指令：根据条件展示元素，用法和 v-if 大致一样。

　　(5) v-for 指令：基于数组来渲染列表。

9.2　条件表达式

　　Vue.js 提供了 v-if、v-show、v-else、v-else-if 几个指令来说明模板和数据间的逻辑关系，这基本就构成了模板引擎的主要部分。下面详细说明这几个指令的用法和使用场景。

9.2.1　v-if 指令的实例

v-if 的作用是根据数据值来判断是否输出 DOM 元素，以及包含的子元素。如果当前实例中的变量 type==true，模板引擎将会编译 DOM 节点，然后输出。如果当前实例中的变量 type==false，则模板引擎将不会编译 DOM 节点。

v-if 指令应写在标签里，其语句格式如下：

```
<p v-if="type"></p>
```

例 9-1　使用 v-if 指令显示标签。

定义一个变量 awesome，赋值为 true，对 p 标签进行编译渲染：

```
<div class="ifImpl">
    <p v-if="awesome">显示或隐藏标签</p>
    <p>我上面有一个标签</p>
</div>
<script type="text/javascript">
    var vm = {
        data() {
            return {
                awesome: true
            }
        }
    }
    Vue.createApp(vm).mount('.ifImpl')
</script>
```

结果如图 9-1 所示。

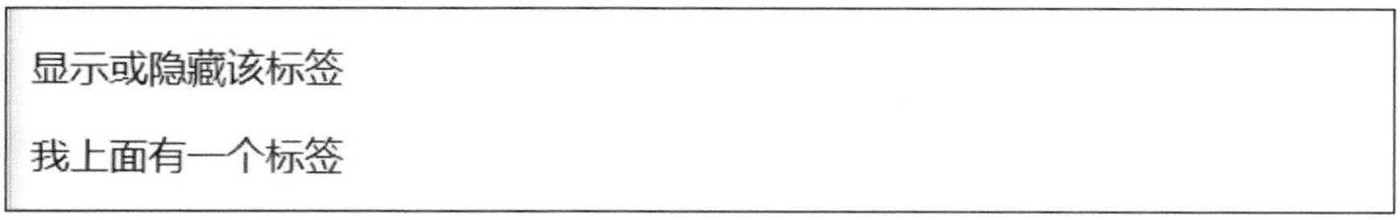

```
显示或隐藏该标签

我上面有一个标签
```

图 9-1　使用 v-if 指令显示标签

例 9-2　使用 v-if 指令隐藏标签。

定义一个变量 awesome，赋值为 false，此时 p 标签是不进行编译的：

```
<div class="ifImpl">
    <p v-if="awesome">显示或隐藏标签</p>
    <p>我上面有一个标签</p>
</div>
```

```
<script type="text/javascript">
    var vm = {
        data() {
            return {
                awesome: false
            }
        }
    }
    Vue.createApp(vm).mount('.ifImpl')
</script>
```

结果如图 9-2 所示。

我上面有一个标签

图 9-2　使用 v-if 指令隐藏标签

例 9-3　v-if 使用表达式显示标签。

当然，v-if 指令中不仅可以写变量，还可以写表达式，如 v-if ="type == 'int' "，其中，type 是变量，int 是字符串，用单引号括住；又如 v-if ="type1 == type2"，其中，type1 和 type2 都为变量。以下为实例代码：

```
<div class="ifImpl">
    <p v-if=" type == 'int' ">使用表达式显示标签</p>
<p>我上面有一个标签</p>
</div>
<script type="text/javascript">
    var vm12 = {
        data() {
            return {
                type: "int"
            }
        }
    }
    Vue.createApp(vm12).mount('.ifImpl')
</script>
```

结果如图 9-3 所示。

使用表达式显示该标签

我上面有一个标签

图 9-3　使用表达式显示标签

例 9-4 v-if 使用表达式隐藏标签：

```
<div class="ifImpl">
    <p v-if=" type == 'int' ">使用表达式隐藏标签</p>
    <p>我上面有一个标签</p>
</div>
<script type="text/javascript">
    var vm12 = {
        data() {
            return {
                type: int1
            }
        }
    }
    Vue.createApp(vm12).mount('.ifImpl')
</script>
```

结果如图 9-4 所示。

我上面有一个标签

图 9-4　使用表达式隐藏标签

9.2.2　v-else 指令的实例

v-else 指令应写在 v-if 或 v-else-if 后面，否则它不会被识别。

当 v-if 和 v-else-if 指令都为 false 时，将输出 DOM 元素，以及包含的子元素。其语句格式如下：

```
<p v-if="type"></p>
<p v-else></p>
```

例 9-5 使用 v-else 指令的实例：

```
<div class="ifImpl">
    <p v-if="awesome">显示或隐藏该标签</p>
    <p v-else>隐藏或显示该标签</p>
</div>
<script type="text/javascript">
    var vm = {
        data() {
            return {
                awesome: false
```

```
                }
            }
        }
    Vue.createApp(vm).mount('.ifImpl')
</script>
```

结果如图 9-5 所示。

隐藏或显示该标签

图 9-5　使用 v-else 指令

例 9-6　v-if 绑定的元素(包含子元素)不影响 v-else 的使用:

```
<div id="elseImpl">
    <div v-if="yes">
        <div v-if="inner">当 yes 和 inner 变量都为 true 时我将渲染</div>
        <div v-else>当 yes 变量为 true 且 inner 变量为 false 时我将渲染</div>
    </div>
    <div v-else>当 yes 变量为 false 时我将渲染</div>
</div>
<script>
    const app = Vue.createApp({
        data() {
            return {
                yes:true,
                inner:false
            }
        }
    })
    app.mount('#elseImpl')
</script>
```

结果如图 9-6 所示。

当yes变量为true且inner变量为false时我将渲染

图 9-6　运行结果

9.2.3　v-else-if 指令的实例

v-else-if 指令应写在 v-if 或 v-else-if 的后面，否则它不会被识别。

当 v-if 和 v-else 之前的 v-else-if 指令都为 false，且 v-else 为 true 时，v-else 将渲染元素及其子元素。其语句格式如下：

```
<p v-if=""></p>
<p v-else-if=""></p>
<p v-else-if=""></p>
<p v-else></p>
```

例 9-7 使用 v-else-if 指令的实例：

```
<div class="ifImpl">
    <p v-if=" type == 'a' ">当 type 为 a 时显示</p>
    <p v-else-if=" type == 'b' ">当 type 为 b 时显示</p>
    <p v-else-if=" type == 'c' ">当 type 为 c 时显示</p>
    <p v-else>当以上条件都错时显示</p>
</div>

<script type="text/javascript">
    var vm12 = {
        data() {
            return {
                type: 'c'
            }
        }
    }
    Vue.createApp(vm12).mount('.ifImpl')
</script>
```

结果如图 9-7 所示。

图 9-7　使用 v-else-if 指令

注意：该实例有两个 type == 'c' 的条件，但只有第一个标签渲染了，所以当 v-if 或 v-else-if 为 true 时，无论紧跟着的 v-else-if 为 true 还是 false，标签都不会被渲染。

例 9-8 使用 v-else-if 指令注意事项的实例：

```
<div class="ifImpl">
    <p v-if=" type == 'a' ">当 type 为 a 时显示</p>
    <p v-else-if=" type == 'b' ">当 type 为 b 时显示</p>
    <p v-else-if=" type == 'c' ">当 type 为 c 时显示</p>
```

```
    <p v-else-if=" type == 'c' ">上一个标签已经显示，我就不显示了</p>
    <p v-else>当以上条件都错时显示</p>
</div>

<script type="text/javascript">
    var vm12 = {
        data() {
            return {
                type: 'c'
            }
        }
    }
    Vue.createApp(vm12).mount('.ifImpl')
</script>
```

结果如图 9-8 所示。

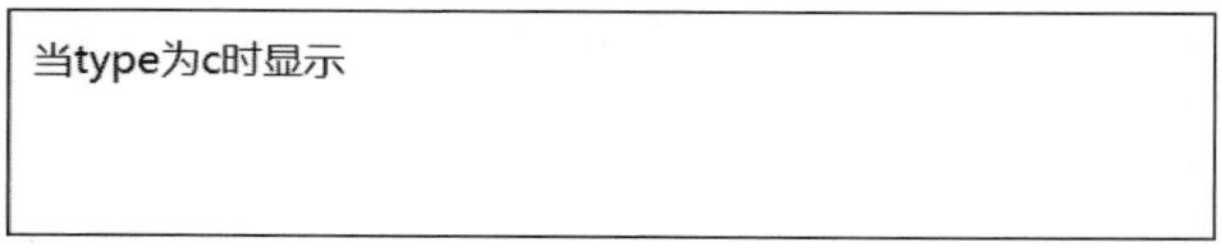

当**type**为c时显示

图 9-8　使用 v-else-if 指令的注意事项

9.2.4　v-show 指令的实例

v-show 指令也是条件性展示元素的指令。用法与 v-if 大致一样，当条件为 true 时展示元素，当条件为 false 时不展示元素。

与 v-if 不同的是，v-show 元素的使用会渲染并保持在 DOM 中。v-show 只是切换元素的 CSS 属性 display。

> **注意**：① v-show 后紧跟 v-else 是错误写法，无论 v-show 为 true 还是 false，v-else 渲染的标签都会显示。
> ② v-show 不支持 <template> 元素，后面会介绍<template> 元素。

例 9-9 使用 v-show 指令的实例：

```
<div class="ifImpl">
    <p v-show=" type == 'a' ">当 type 为 a 时显示</p>
    <p v-else>v-show 为 true 或 false 我都显示</p>
</div>

<script type="text/javascript">
    var vm = {
        data() {
```

```
        return {
            type: 'a'
        }
    }
}
Vue.createApp(vm).mount('.ifImpl')
</script>
```

结果如图 9-9 所示。

当**type**为a时显示

v-show为**true**或**false**我都显示

图 9-9　使用 v-show 指令

9.2.5　理解 v-if 指令与 v-show 指令的关系

1. v-show 与 v-if 的共同点

它们都是条件性展示元素的指令，用法也基本相同。

2. v-show 与 v-if 的不同点

v-show 与 v-if 的不同点有控制手段、编译过程、编译条件。

(1) 控制手段：v-show 隐藏是为元素添加 display:none 样式，DOM 元素依旧存在。v-if 显示隐藏是将 DOM 元素整个添加或删除。此处可以通过开发者模式直观地看出，就不做示例了。

(2) 编译过程：v-if 切换有一个局部编译/卸载的过程，切换过程中合适地销毁和重建内部的事件监听和子组件；v-show 只是简单地基于 CSS 切换。

(3) 编译条件：v-if 是真正的条件渲染，可以确保在切换过程中条件块内的事件监听器和子组件适当地被销毁和重建。只要渲染条件为假，就不进行操作，直到条件为真才渲染。v-show 由 false 变为 true 的时候，不会触发组件的生命周期。v-if 由 false 变为 true 的时候，触发组件的 beforeCreate、create、beforeMount、mounted 钩子，由 true 变为 false 的时候触发组件的 beforeDestory、destoryed 方法。

3. 性能消耗

根据编译环境和编译条件，可以看出 v-if 有更高的切换开销，v-show 有更高的初始渲染开销。

4. v-show 与 v-if 原理分析(此处了解即可)

具体解析流程这里不展开讲，大致流程如下。

将模板 template 转为 ast 结构的 JS 对象，拼装 render 和 staticRenderFns 函数，render 和 staticRenderFns 函数被调用后生成虚拟的 VNODE 节点，该节点包含创建 DOM 节点所需信息，vm.patch 函数通过虚拟 DOM 算法，利用 VNODE 节点创建真实的 DOM 节点。

1) v-show 原理

不管初始条件是什么，元素总是会被渲染，我们看一下在 Vue 中是如何实现的。代码很好理解，有 transition 就执行 transition，没有就直接设置 display 属性：

```
export const vShow: ObjectDirective<VShowElement> = {
 beforeMount(el, { value }, { transition }) {
   el._vod = el.style.display === 'none' ? '':el.style.display
   if (transition && value) {
     transition.beforeEnter(el)
   } else {
     setDisplay(el, value)
   }
 },
 mounted(el, { value }, { transition }) {
   if (transition && value) {
     transition.enter(el)
   }
 },
 updated(el, { value, oldValue }, { transition }) {
   // ...
 },
 beforeUnmount(el, { value }) {
   setDisplay(el, value)
 }
}
```

2) v-if 原理

v-if 在实现上比 v-show 要复杂得多，因为还有 else、else-if 等条件需要处理，这里也只摘抄源码中处理 v-if 的一小部分，返回一个 node 节点，render 函数通过表达式的值来决定是否生成 DOM：

```
//https://github.com/vuejs/vue-next/blob/cdc9f336fd/packages/compiler-core/src
/transforms/vIf.ts
export const transformIf = createStructuralDirectiveTransform(
 /^(if|else|else-if)$/,
 (node, dir, context) => {
   return processIf(node, dir, context, (ifNode, branch, isRoot) => {
```

```
    // ...
    return () => {
      if (isRoot) {
        ifNode.codegenNode = createCodegenNodeForBranch(
          branch,
          key,
          context
        ) as IfConditionalExpression
      } else {
        // attach this branch's codegen node to the v-if root.
        const parentCondition = getParentCondition(ifNode.codegenNode!)
        parentCondition.alternate = createCodegenNodeForBranch(
          branch,
          key + ifNode.branches.length - 1,
          context
        )
      }
    }
  })
}
)
```

5. 使用场景

v-if 与 v-show 都能控制 DOM 元素在页面显示，v-if 相比 v-show 开销更大(直接操作 DOM 节点的增加与删除)。如果需要非常频繁地切换，那么使用 v-show 较好。如果在运行时条件很少改变，则使用 v-if 较好。

9.3　for 循环表达式

9.3.1　使用 v-for 指令遍历数组

我们可以用 v-for 指令基于数组来渲染列表，将根据接收到的数组重复渲染 v-for 绑定到的 DOM 元素及内部的子元素，并且可以通过设置别名的方式，获取数组内数据渲染到节点中。v-for 指令需要使用 item in items 形式的特殊语法，其中，items 是源数据数组，而 item 则是被迭代的数组元素的别名，可以随意命名。

例 9-10　v-for 渲染数组的过程：

```
//data 中的 a 数组为
a: [{
      message: '第一条数据'
```

```
    }, {
        message: '第二条数据'
}]
//则标签
<div v-for="item in a">
    {{ item.message }}
</div>
//中的item将会循环遍历a数组并渲染，最终数据可拆分为
<div>
    {{ a[0].message }}
</div>
<div>
    {{ a[1].message }}
</div>
```

例 9-11 v-for 指令遍历数组的实例：

```
<div id="forImpl">
    <div v-for="item in items">
        {{ item.message }}
    </div>
</div>
<script type="text/javascript">
    var forImpl1 = ({
        data() {
            return {
                items: [{
                    message: '第一条数据'
                }, {
                    message: '第二条数据'
                }]
            }
        }
    })
    Vue.createApp(forImpl1).mount('#forImpl')
</script>
```

结果如图 9-10 所示。

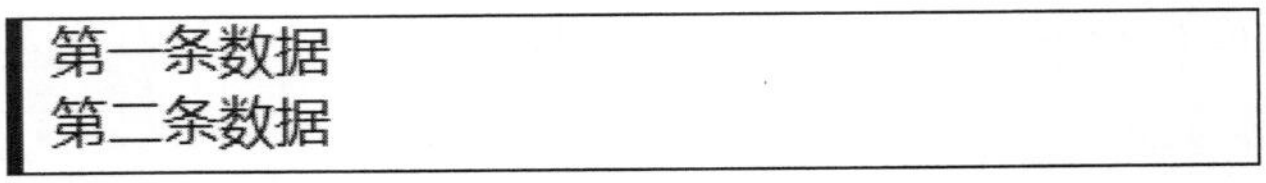

第一条数据
第二条数据

图 9-10　使用 v-for 指令遍历数组

9.3.2　使用 v-for 指令遍历数组设置索引

v-for 还支持一个可选的第二参数，可以在 v-for 指令内调用，输出当前数组元素的索引，即当前项的索引。

例 9-12　v-for 指令遍历数组设置索引的实例：

```
<div id="forImpl">
    <div v-for="(item,index) in items">
    {{ index }}-{{ item.message }}
    </div>
</div>
<script type="text/javascript">
    var forImpl2 = ({
        data() {
            return {
                items: [{
                    message: '第一条数据'
                }, {
                    message: '第二条数据'
                }]
            }
        }
    })
    Vue.createApp(forImpl2).mount('#forImpl')
</script>
```

结果如图 9-11 所示。

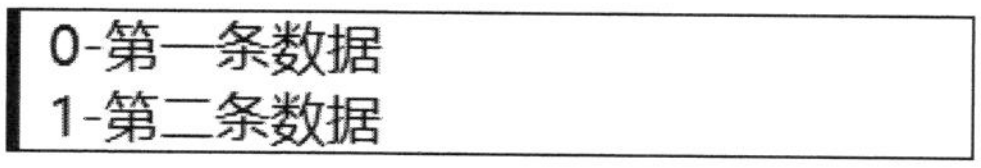

```
0-第一条数据
1-第二条数据
```

图 9-11　使用 v-for 指令遍历数组设置索引

例 9-13　在渲染列表的时候，有个性能方面的小技巧，在数组中设置唯一标识 id，将会大大提高浏览器的性能。

例如：

```
<li v-for="item in items"></lis>
items:[{
id: 1, title:'title-1'
},{
id: 2, title:'title-2'
},{
```

```
id:3, title:'title-3'
}
]
```

通过 trace-by 给数组设定唯一标识，我们将上述 v-for 作用的 li 元素修改为：

```
<li v-for="item in items" track-by="_id"></li>
```

这样 Vue.js 在渲染过程中会尽量复用原有对象的作用域及 DOM 元素。v-for 除了可以遍历数组外，也可以遍历对象。与 index 类似，作用域内可以访问另一内置变量$key，也可以使用(key, value)形式自定义 key 变量：

```
<li v-for="(key, value) in objectDemo">{{key}}- {{$key}}:{{value}}</li>
```

9.3.3　使用 v-for 指令遍历对象的 property 名称

我们既可以用 v-for 来遍历一个对象的 property，还可以提供第二个参数作为 property 名称(也就是键名 key)，格式为"(value,key) in testObject"。

例 9-14 使用 v-for 指令遍历对象的 property 名称的实例：

```
<div id="forImpl">
    <div v-for="(value,key) in testObject">
        {{ key }}: {{ value }}
    </div>
</div>
script type="text/javascript">
    var forImpl3 = ({
        data() {
            return {
                testObject: {
                    title: 'v-for 可以遍历对象的 property',
                    author: '无名氏',
                    publishedAt: '未知'
                }
            }
        }
    })
    Vue.createApp(forImpl3).mount('#forImpl')
</script>
```

结果如图 9-12 所示。

```
title: v-for可以遍历对象的property
author: 无名氏
publishedAt: 未知
```

图 9-12　使用 v-for 指令遍历对象的 property 名称

9.3.4　数组过滤

有时，我们想要显示一个经过过滤或排序的数组，而不实际变更或重置原始数据。在这种情况下，可以创建一个计算属性，来返回过滤或排序后的数组。

> **注意：** 此处用到了 computed，它是 Vue 中提供的一个计算属性。它被混入 Vue 实例中，所有 getter 和 setter 的 this 上下文自动绑定为 Vue 实例。

例 9-15 v-for 数组过滤的实例(排序基本一样，不再复述)：

```
<div id="forImpl">
    <div v-for="item in listcom">
        {{ item }}
    </div>
</div>
<script type="text/javascript">
    var forImpl1 = ({
        data() {
            return {
                items: [1, 2, 3, 4, 5, 6, 7]
            }
        },
        computed: {
            listcom() {
                return this.items.filter(items => items % 2 == 0)
            }
        }
    })
    Vue.createApp(forImpl1).mount('#forImpl')
</script>
```

结果如图 9-13 所示。

```
2
4
6
```

图 9-13　v-for 数组过滤

9.3.5　使用值的范围

v-for 也可以接受整数。在接受函数的情况下，它会把模板重复对应数次。

例 9-16 v-for 使用值的范围的实例：

```
<div id="forImpl">
    <div v-for="n in 10">
        {{ n }}
    </div>
</div>
<script type="text/javascript">
    Vue.createApp({}).mount('#forImpl')
</script>
```

结果如图 9-14 所示。

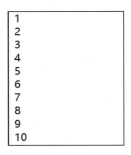

图 9-14　使用值的范围

9.4　v-for 指令的不同使用场景

9.4.1　在＜template＞中使用 v-for 指令

当一个 div 标签用 v-for 做了列表循环，现在想要 span 标签也一起循环时，应该怎么做？这里介绍三种方法。

(1) 直接用 v-for 对 span 也循环一次，当然这种方法是最不建议使用的，因为很烦琐。

(2) 在 div 标签和 span 标签外面包裹一个 div 标签，给这个 div 标签加循环，该方法会增加一个多余的 div 标签。

(3) 使用 template，template 的作用是模板占位符，可以帮助包裹元素，但在循环过程中，template 不会被渲染到页面上。推荐使用这个方法。

　　例 9-17　在<template>中使用 v-for 指令的实例：

```
<div id="forImpl">
    <template v-for="item in items" :key="item.id">
        <div>{{ item.id }}.{{ item.message }}</div>
        <div>{{ item.msg }}</div>
    </template>
</div>
<script type="text/javascript">
    var forImpl1 = ({
        data() {
            return {
                items: [{
                    id: 1,
                    message: '第一条数据',
                    msg: '我和第一条数据同时渲染'
                }, {
                    id: 2,
                    message: '第二条数据',
                    msg: '我和第二条数据同时渲染'
                }]
            }
        }
    })
    Vue.createApp(forImpl1).mount('#forImpl')
</script>
```

结果如图 9-15 所示。

```
1.第一条数据
我和第一条数据同时渲染
2.第二条数据
我和第二条数据同时渲染
```

图 9-15　在<template>中使用 v-for 指令

9.4.2　v-for 指令与 v-if 指令一起使用

　　(1) 优先级。当 v-for 与 v-if 处于同一节点时，v-if 的优先级比 v-for 更高，这意味着 v-if 没有权限访问 v-for 里的变量。

　　下面这个示例将抛出一个错误，因为 todo 属性没有在实例上定义：

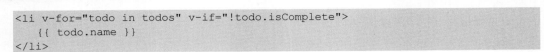

```
<li v-for="todo in todos" v-if="!todo.isComplete">
    {{ todo.name }}
</li>
```

(2) 注意事项。

永远不要在一个元素上同时使用 v-if 和 v-for。如果出现这种情况，则可以在外层嵌套 template 来避免，再进行 v-if 判断，然后在内部进行 v-for 循环。如果条件出现在循环内部，可通过计算属性 computed 提前过滤掉不需要显示的项。

9.4.3　在组件上使用 v-for 指令

在自定义组件上，可以像在任何普通元素上一样使用 v-for：

```
<my-component v-for="item in items" :key="item.id"></my-component>
```

然而，任何数据都不会被自动传递到组件里，因为组件有自己独立的作用域。为了把迭代数据传递到组件里，要使用 props：

```
<my-component v-for="(item, index) in
items" :item="item" :index="index" :key="item.id"></my-component>
```

不自动将 item 注入组件的原因是，这会使组件与 v-for 的运作紧密耦合。明确组件数据的来源能够使组件在其他场合重复使用。下面是一个简单的 todo 列表的完整例子。

例 9-18　在组件上使用 v-for 指令的实例：

```
<div id="todo-list-example">
    <form v-on:submit.prevent="addNewTodo">
        <label for="new-todo">Add a todo</label>
        <input v-model="newTodoText" id="new-todo" placeholder="E.g. Feed the cat" />
        <button>Add</button>
    </form>
    <ul>
<todo-item v-for="(todo, index) in todos" :key="todo.id" :title="todo.title"
@remove="todos.splice(index, 1)"></todo-item>
    </ul>
</div>
<script>
    const app = Vue.createApp({
        data() {
            return {
                newTodoText: '',
                todos: [{
                    id: 1,
                    title: 'Do the dishes'
```

```
        }, {
            id: 2,
            title: 'Take out the trash'
        }, {
            id: 3,
            title: 'Mow the lawn'
        }],
        nextTodoId: 4
    }
},
methods: {
    addNewTodo() {
        this.todos.push({
            id: this.nextTodoId++,
            title: this.newTodoText
        })
        this.newTodoText = ''
    }
}
})

app.component('todo-item', {
    template: `
    <li>
      {{ title }}
      <button @click="$emit('remove')">Remove</button>
    </li>
    `,
    props: ['title'],
    emits: ['remove']
})
app.mount('#todo-list-example')
</script>
```

结果如图 9-16 所示。

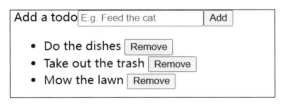

图 9-16　在组件上使用 v-for 指令

9.5 综合实例

例 **9-19** 循环渲染卡片：

```
<div id="box">
    <div class="card" v-for="item in list">
        <div class="circle">
            <div class="imgBx">
                <img :src="item.img" alt="">
            </div>
        </div>
        <div class="content">
            <h3>{{item.title}}</h3>
        </div>
    </div>
</div>

<script>
    var vue2 = {
        data() {
            return {
                list: [{img: "https://ts3.cn.mm.bing.net/th?id=OIP-C.
tmvIu57hTRpXhPRWkBDDEQHaEK&w=333&h=187&c=8&rs=1&qlt=90&o=6&dpr=1.25&pid=3.1&rm=2",
                    title: "残暑蝉催尽, 新秋雁带来。"
                }, {img: "https://ts4.cn.mm.bing.net/th?id=OIP-C.
WeJBMxC9xhhrafZ1KgouDwHaEK&w=333&h=187&c=8&rs=1&qlt=90&o=6&dpr=1.25&pid=3.1&rm=2",
                    title: "一庭春色恼人来, 满地落花红几片。"
                }, {img: "https://ts3.cn.mm.bing.net/th?id=OIP-C.
gVVoi17v4pAHNUXyQXjgNQHaEo&w=316&h=197&c=8&rs=1&qlt=90&o=6&dpr=1.25&pid=3.1&rm=2",
                    title: "日落尤其温柔, 人间皆是浪漫。"
                }]
            }
        }
    }
    Vue.createApp(vue2).mount('#box')
</script>
<style>
    * {
        margin: 0;
        padding: 0;
        box-sizing: border-box;
        font-family: "Poppins", sans-serif;
    }
```

```css
body {
    display: flex;
    justify-content: center;
    align-items: center;
    min-height: 100vh;
    background: radial-gradient(#777, #222);
}

#box {
    width: 80%;
    margin: 0 auto;
    display: flex;
    justify-content: space-around;
}

.card {
    position: relative;
    width: 240px;
    height: 350px;
    border-radius: 10px;
    overflow: hidden;
    color: #fff;
    background: radial-gradient(#777, #222);
}

.circle {
    position: absolute;
    top: -190px;
    left: 50%;
    transform: translateX(-50%);
    width: 500px;
    height: 500px;
    background: #333;
    clip-path: circle();
}

.circle:before {
    content: '';
    position: absolute;
    top: -8px;
    left: -16px;
    width: 100%;
    height: 100%;
    background: transparent;
```

```css
        box-shadow: 0 0 0 20px rgba(255, 0, 0, 0.5);
        border-radius: 50%;
        z-index: 999;
        pointer-events: none;
}

.circle .imgBx {
        position: absolute;
        left: 50%;
        bottom: 0;
        transform: translateX(-50%);
        width: 340px;
        height: 310px;
        background: #ff0;
}

.circle .imgBx img {
        position: absolute;
        top: 0;
        left: 0;
        width: 100%;
        height: 100%;
        object-fit: cover;
        transition: 0.5s;
        transform-origin: bottom;
}

.circle .imgBx:hover img {
        transform: scale(1.5);
}

.content {
        position: absolute;
        left: 0;
        bottom: 0;
        width: 100%;
        height: 140px;
        padding: 20px 30px;
}

.fa-linkedin {
        color: #fff;
        background: #0077b5;
        padding: 2px 4px;
        border-radius: 2px;
```

```
    }

    #content h3 {
        font-size: 1.4em;
        color: #333;
        margin-top: 7px;
    }

    .textIcon {
        display: flex;
        justify-content: space-between;
        align-items: center;
        margin-top: 10px;
        padding: 0 2px;
    }

    .textIcon h4 {
        color: #e91e63;
        font-weight: 400;
    }

    .textIcon a {
        color: #e91e63;
        text-decoration: none;
    }
</style>
```

运行结果如图 9-17 所示。

图 9-17　循环渲染卡片

9.6 小结

在本章中，我们对 Vue.js 表达式有了比较详细的了解，足以能应对日常使用。Vue.js 表达式作为 Vue.js 中很重要的一部分，内容也是比较简单的，在日常开发中基本上都会用到。本章从多种条件表达式到 v-for 的数组遍历，再到 v-for 的对象遍历、v-for 使用值的范围都做了介绍，将这些知识点融会贯通，应用到实际工作中，可以减少重复的代码，这也就是学习本章内容的目的。

Vue.js 事件

Vue.js 事件是网页中最常用的一项功能，它可以帮助我们监听用户的行为，相应地将某些行为应用到 DOM 上。本章我们将通过事件实例等来详细介绍 Vue.js 事件。

10.1 什么是事件

事件在文档中或者浏览器窗口中通过某些动作触发，如单击、鼠标经过、键盘按下等。事件通常和函数结合使用，用于监听人们在文档中或者浏览器窗口中的某些动作，所以又称监听事件。

1. 事件的作用

(1) 各个元素之间可以借助事件进行交互。

(2) 用户和页面之间可以通过事件交互。

(3) 后端和页面之间可以通过事件交互(减缓服务器的压力)。

2. 事件的分类

(1) 鼠标事件：onclick、ondblclick、onmouseover、onmouseout、onmousedown、onmouseup、onmousemove。

(2) HTML 事件：onload、onscoll、onsubmit、onchange、onfoucs(获取焦点)、onblur(失去焦点)。

(3) 键盘事件：onkeydown(键盘按下时触发)、onkeypress(键盘按下并松开的瞬间触发)、onkeyup(键盘抬起时触发)。

10.1.1 一个简单的监听事件实例

事件的基本用法如下。

(1) 使用 v-on:xxx 或 @xxx 绑定事件，其中 xxx 是事件名。

(2) 事件的回调需要在 methods 对象中配置，最终会挂载在 window 上。

(3) methods 中配置的函数，不要用箭头函数，否则 this 就不是 vm 了。

(4) methods 中配置的函数，都是由 Vue 管理的函数，this 的指向是 vm 或组件实例对象。

(5) @click="demo"和@click="demo($event)"效果一致，如果不需要传参数，方法后面可以不加括号"()"。如果方法需要参数，但是事件没有传参数，则会把 event 参数传到方法中。当需要传多个参数以及需要标签原本属性(event)时，应在 event 前面加一个"$"符号，如 v-on:click="btnclick('abc',$even)"。

下面通过例 10-1 来直观地了解监听事件。

例 10-1 通过点击事件取消样式的绑定：

```html
<div id="ids">
    <div v-on:click="qh" v-bind:class="{class:isclass}">通过点击事件取消样式的绑定</div>
</div>
<script>
    var vue2 = {
        data() {
            return {
                isclass: true
            }
        },
        methods: {
            qh() {
                if (this.isclass) {
                    this.isclass = false
                    alert('取消成功')
                } else {
                    this.isclass = true
                    alert('添加成功')
                }
            }
        }
    }
    Vue.createApp(vue2).mount('#ids')
</script>
<style>
    .class {
        color: red;
    }
</style>
```

运行结果如图 10-1 所示。

图 10-1　通过点击事件取消样式的绑定

10.1.2　处理原始的 DOM 事件

当需要在内联语句处理器中访问原始的 DOM 事件时，可以把特殊变量$event 作为变量传入方法。

注意：① 如果方法需要参数，但是事件没有传参数，则会把$event 参数传到方法中。

② 当需要传多个参数时，应把$event 作为变量传入方法，如 v-on:click=
"btnclick('abc',$event)"。

下面通过两个实例，来介绍需要无参数和多个参数时$event 的使用方法。

例 10-2 通过点击事件获取标签的 id 和内容：

```
<div id="ids">
    <div>通过点击事件获取标签的id和内容</div>
    <button id="btn1" v-on:click="qh">按钮一</button>
    <button id="btn2" v-on:click="qh">按钮二</button>
    <button id="btn3" v-on:click="qh">按钮三</button>
</div>

<script>
    var vue2 = {
        data() {
            return{

            }
        },
        methods: {
            qh(e) {
                console.log(e.target.innerHTML+": "+e.target.id);
            }
        }
    }
    Vue.createApp(vue2).mount('#ids')
</script>
```

运行结果如图 10-2 所示。

图 10-2　通过点击事件获取标签的 id 和内容

例 10-3 通过 v-on:click 切换样式绑定，并在控制台中打印按钮的 id(传多个参数以及需要$event)的点击事件：

```
<div id="ids">
    <div v-bind:class="classitem">通过点击事件切换样式的绑定</div>
    <button id="btn1" v-on:click="qh(0,$event)">样式一</button>
    <button id="btn2" v-on:click="qh(1,$event)">样式二</button>
    <button id="btn3" v-on:click="qh(2,$event)">样式三</button>
</div>

<script>
    var vue2 = {
        data() {
            return {
                classitem: "class1",
                classarr: ["class1", "class2", "class3"]
            }
        },
        methods: {
            qh(index, e) {
                this.classitem = this.classarr[index];
                console.log(e.target.id);
            }
        }
    }
    Vue.createApp(vue2).mount('#ids')
</script>
<style>
    .class1 {
        color: black;
    }

    .class2 {
        color: red;
    }

    .class3 {
        color: green;
    }
</style>
```

运行结果如图 10-3 所示。

图 10-3　通过 v-on:click 切换样式绑定等

10.1.3　为什么需要在 HTML 代码中监听事件

所有的 Vue 事件处理方法和表达式都严格绑定在当前视图的 ViewModel 上，这样不会导致维护困难。使用 v-on 有下列好处。

(1) 扫一眼 HTML 就能轻松定位 JavaScript 代码里对应的方法。

(2) 因为无须在 JavaScript 中手动绑定事件，所以 ViewModel 代码可以是非常纯粹的逻辑，和 DOM 完全解耦，更易于测试。

(3) 当一个 ViewModel 被销毁时，所有的事件处理器都会自动被删除，无须担心如何清理它们。

10.2　多事件处理器的实例

在了解并使用事件后，我们可以写一个相对完整的实例，来实现问题和答案的添加、删除、收起功能。

例 10-4 问题和答案的添加、删除、收起功能：

```html
<div id="ids">
    <button @click="q_add">添加题目</button>
    <div class="q_list" v-for="(item1,index1) in items">
        <!-- 题目 -->
        <div class="title">
            {{index1+1}}、<input type="text" placeholder="题目" v-model="item1[0].title">
            <button v-if="item1[2].type != 3" @click="a_add(index1)">添加选项</button>
            <button @click="q_del(index1)">删除</button>
```

```
            <button @click="qh(index1)">{{isshow[index1]?"收起":"展开"}}</button>
            <label><input @click="type($event)" type="radio" :name="index1"
value="1" v-model="param">单选题</label>
            <label><input @click="type($event)" type="radio" :name="index1"
value="2" >多选题</label>
            <label><input @click="type($event)" type="radio" :name="index1"
value="3" >简答题</label>
        </div>
        <div class="a_list" :style="{'height': isshow[index1]? 'auto':'0px'}"
v-for="(item2,index2) in item1[1]">
            <!-- 选项 -->
            <div v-if="item1[2].type != 3" class="answer">
                <input type="text" placeholder="选项" v-model="item2.name"><button
@click="a_del(index1,index2)">删除</button>
            </div>
        </div>
    </div>
</div>

<script>
    var vue2 = {
        data() {
            return {
                param: 1,
                isshow: [
                    [true]
                ],
                // items: ""
                items: [
                    [{
                            "title": ""
                        },
                        [{
                            "name": ""
                        }], {
                            "type": 1
                        },
                    ],
                ],
            }
        },
        created: function() {},
        methods: {
            //收起问题
            qh(index) {
                this.isshow[index] = !this.isshow[index]
            },
```

```
                        //添加问题
                        q_add() {
                            let item = [{
                                "title": ""
                            },
                            [{
                                "name": ""
                            }], {
                                "type": 1
                            },
                            ];
                            let that = this;
                            let length = that.items.length;
                            that.items.splice(length, 0, item);
                            if (!that.isshow[length]) that.qh(length)
                        },
                    //添加选项
                    a_add(index) {
                        let answer = {
                            "name": ""
                        };
                        let that = this;
                        let length = that.items[index][1].length;
                        that.items[index][1].splice(that.items[index][1].length, 0, answer);
                        if (!that.isshow[index]) that.qh(index)
                    },
                //删除问题
                q_del(index) {
                    let that = this;
                        that.items.splice(index, 1);
                    },
                    //删除选项
                    a_del(qindex, aindex) {
                        let that = this;
                        that.items[qindex][1].splice(aindex, 1);
                    },
                    //修改题目类型
                    type(e) {
                        let index = e.target.name;
                        let value = e.target.value;
                        let that = this;
                        that.items[index][2].type = value;
                        console.log(that.items[index]);
                    }
                }
            }
        Vue.createApp(vue2).mount('#ids')
</script>
```

运行结果如图 10-4 所示。

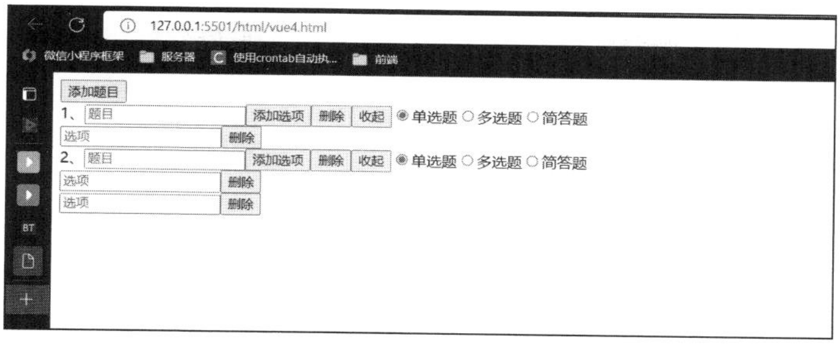

图 10-4　运行结果

10.3　小结

在本章中，我们对 Vue.js 事件有了比较详细的了解，足以应对日常使用。事件作为网页中很重要的一部分，在页面交互中都会用到。本章从什么是事件到监听事件的实例，再到为什么需要监听事件都做了介绍，将这些知识点融会贯通，应用到实际工作中，可以美化页面，这也就是学习的目的。

第 11 章

Vue.js 表单

Vue.js 表单在网页中主要负责采集数据，它可以帮助我们高效地获取信息。本章将通过表单的双向绑定和修饰符的使用来详细介绍 Vue.js 表单数据采集。

11.1　理解"表单输入绑定"

Vue.js 是一个 MVVM 框架，即数据双向绑定。当数据发生变化的时候，视图也会发生变化；当视图发生变化的时候，数据也会跟着同步变化。这就是 Vue.js 的精髓。值得注意的是，所说的数据双向绑定，一定是针对 UI 控件来说的，非 UI 控件不会涉及数据双向绑定。单向数据绑定是使用状态管理工具的前提。如果使用 Vuex，那么数据流也是单项的，这时就会和双向数据绑定有冲突。

在 Vue.js 中，如果使用 Vuex，实际上数据还是单向的，之所以说是数据双向绑定，因为用的是 UI 控件。对于处理表单，Vue.js 的双向数据绑定用起来就特别适合了，全局性数据流使用单向，方便跟踪，局部性数据流使用双向，简单易操作。

可以用 v-model 指令在表单及元素上创建双向数据绑定，它会根据控件类型自动选取正确的方法来更新元素。尽管有些神奇，但 v-model 本质上也不过是基础语法，它负责监听用户的输入事件以更新数据，并对一些极端场景进行特殊处理。

在表单上选择添加相关元素，例如 input、select、textarea 等，通常会利用 html 标签属性 v-model，在 Vue 中叫指令，就构成了表单的双向数据绑定，即在输入的时候 JS 同时也获取了数据，改变 JS 数据的时候 input 的内容也会随着改变。这就使 v-model 成为 Vue 中比较核心的特点之一。可以用 v-model 指令在表单控件元素上创建双向数据绑定，流程如图 11-1 所示。v-model 会根据控件类型自动选取正确的方法来更新元素。

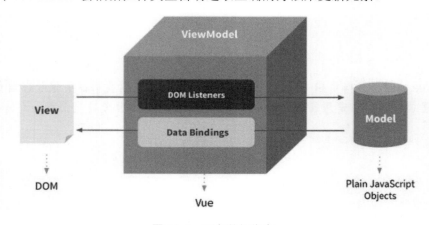

图 11-1　双向数据绑定

11.2　"表单输入绑定"的基础用法

在前端处理表单时，我们常常需要将表单输入框的内容同步给 JavaScript 中相应的变量。手动连接值绑定和更改事件监听器可能会很麻烦：

```
<input :value="text" @input="event => text = event.target.value">
```

v-model 指令简化了这一步骤：

```
<input v-model="text">
```

另外，v-model 还可用于各种不同类型的输入，如<textarea>、<select> 元素。v-model 会根据不同的元素，自动使用对应的 DOM 属性和事件组合：文本类型的<input>和<textarea>元素会绑定 value 属性并侦听 input 事件；<input type="checkbox"> 和 <input type="radio">会绑定 checked 属性并侦听 change 事件；<select> 会绑定 value 属性并侦听 change 事件。

11.2.1　文本

使用 v-model 双向绑定的时候不需要加入属性，因为没有作用，而且还容易干扰开发工作，Vue 讲究数据驱动，把所有需要的值都放到 data 里面渲染。

但是并不是所有的属性都不需要，v-model 需要依据属性判断事件的时候，属性就不能省掉。那么什么时候需要加什么属性？其实记住一个就行，即 type 属性。在 input 标签中如果不加 type 属性值，默认是 text，input 标签需要用 type 属性确定最终的类型，v-model 同样需要，并据此作出不同的选择。比如：text、textarea 元素中使用 value input 事件；checkbox、radio 中使用 checked 属性、change 事件和 select 的 change 事件。

例 11-1 错误地使用 v-model：

```
<input value="我是一个值" v-model= 'inputValue'/>
data() {
    return {
        inputValue:'我将会取代 value'
    }
}
```

给 input 添加的 value 属性值并不会起作用，运行结果如图 11-2 所示。

图 11-2　错误地使用 v-model

11.2.2　多行文本

注意，多行文本标签 <textarea> 是不支持插值表达式"{{}}"的，应使用 v-model 来替代。错误示例如例 11-2 所示，正确示例如例 11-3 所示。

例 11-2 多行文本双向绑定的错误示例：

```
<div id="ids">
    <span>Multiline message is:</span>
    <p style="white-space: pre-line;">{{ msg }}</p>
    <textarea>{{ msg }}</textarea>

</div>

<script>
    var vue2 = {
        data() {
            return {
                msg: ""
            }
        }
    }
    Vue.createApp(vue2).mount('#ids')
</script>
```

运行结果如图 11-3 所示。

图 11-3　多行文本双向绑定的错误示例

例 11-3 多行文本双向绑定的正确示例：

```
<div id="ids">
    <span>Multiline message is:</span>
    <p style="white-space: pre-line;">{{ msg }}</p>
    <textarea v-model="msg"></textarea>

</div>

<script>
    var vue2 = {
        data() {
            return {
                msg: ""
            }
        }
    }
    Vue.createApp(vue2).mount('#ids')
</script>
```

运行结果如图 11-4 所示。

图 11-4　多行文本双向绑定的正确示例

11.2.3　复选框

因为 checked 属性不起作用，所以操作复选框通过 data 来实现。

```
<input type="checkbox" v-model= 'ckbox'/>
return {
  ckbox:true // 默认选中
}
```

此时会发现，赋给 ckbox 变量任何字符串值都没用，最后都会变成 true 或 false，ckbox 产生交互之后，选中变成 true，否则为 false。这是因为 Vue 中 v-model 依据类型 type=

"checkbox"，从而自动绑定 checked 属性的 change 事件，因此，checked 最终返回的是 true 和 false。

这个状态显然不能满足对复选框的需求，比如兴趣爱好(如游泳、羽毛球、看书)，需要选中多个，不然用单选就可以。在原始 HTML 中，当需要多个复选框的时候，是通过 name (统一值)和 value(不同值)操作：

```html
<input type="checkbox" name="like" value="游泳" />
<input type="checkbox" name="like" value="羽毛球" />
```

那么 v-model 显然也是保存 value 这个值，但前面已经说过，value 属性在 v-model 中会失去作用；这里 Vue 将 v-model 对应的值定义为数组对象，就可以实现 value 对值可用，完整示例如例 11-4 所示。在例 11-4 中，checkedNames 数组将始终包含所有当前被选中的复选框的值。

例 11-4 复选框的完整示例：

```html
<div id="ids">
    <div>Checked names: {{ checkedNames }}</div>

    <input type="checkbox" id="jack" value="羽毛球" v-model="checkedNames">
    <label for="jack">羽毛球</label>

    <input type="checkbox" id="john" value="乒乓球" v-model="checkedNames">
    <label for="john">乒乓球</label>

    <input type="checkbox" id="mike" value="篮球" v-model="checkedNames">
    <label for="mike">篮球</label>
</div>

<script>
    var vue2 = {
        data() {
            return {
                checkedNames: []
            }
        }
    }
    Vue.createApp(vue2).mount('#ids')
</script>
```

运行结果如图 11-5 所示。

图 11-5 复选框的完整示例

11.2.4 单选按钮

学会了复选框，单选按钮的双向绑定则更加浅显易懂，获取的值同样会在 v-model 中显示。不同的是，复选框获取的是数组，单选按钮获取的是一个值，如例 11-5 所示。

例 11-5 单选按钮的双向绑定：

```
<div id="ids">
    <div>Picked: {{ picked }}</div>

    <input type="radio" id="one" value="One" v-model="picked" />
    <label for="one">One</label>

    <input type="radio" id="two" value="Two" v-model="picked" />
    <label for="two">Two</label>
</div>

<script>
    var vue2 = {
        data() {
            return {
                picked: ""
            }
        }
    }
    Vue.createApp(vue2).mount('#ids')
</script>
```

运行结果如图 11-6 所示。

图 11-6 单选按钮的双向绑定

11.2.5 选择框

在使用 v-model 绑定选择框时，如果 v-model 表达式的初始值不匹配任何选择项，<select> 元素会渲染成"未选择"的状态。在 iOS 上，这样将导致用户无法选择第一项，因为 iOS 在这种情况下不会触发 change 事件。因此，建议提供一个空值的禁用选项，如例 11-6 所示。

例 11-6 使用 v-model 绑定选择框：

```html
<div id="ids">
    <div>Selected: {{ selected }}</div>

    <select v-model="selected">
        <option disabled value="">Please select one</option>
        <option>A</option>
        <option>B</option>
        <option>C</option>
    </select>
</div>

<script>
    var vue2 = {
        data() {
            return {
                selected: ""
            }
        }
    }
    Vue.createApp(vue2).mount('#ids')
</script>
```

运行结果如图 11-7 所示。

图 11-7 使用 v-model 绑定选择框

v-model 同样也支持非字符串类型的值绑定。在例 11-6 中，当某个选项被选中时，

selected 会被设置为该选项的字面量值 { number: 123 }。

例 11-7　使用 v-model 绑定非字符串类型的值：

```html
<div id="ids">
    <div>Selected: {{ selected }}</div>

    <select v-model="selected">
        <option disabled value="">Please select one</option>
        <option>A</option>
        <option>B</option>
        <option>C</option>
        <option :value="{ number: 123 }">123</option>
    </select>
</div>

<script>
    var vue2 = {
        data() {
            return {
                selected: ""
            }
        }
    }
    Vue.createApp(vue2).mount('#ids')
</script>
```

运行结果如图 11-8 所示。

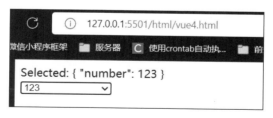

图 11-8　使用 v-model 绑定非字符串类型的值

11.3　表单修饰符的使用

在程序世界里，修饰符是用于限定类型以及类型成员声明的一种符号。

在 Vue 中，使用修饰符可以处理 DOM 事件的许多细节，从而有更多的精力专注于程序的逻辑处理。表单修饰符就是其中一种。

11.3.1 使用.lazy 修饰符的实例

在我们填完信息，光标离开标签或者标签失去焦点时，才会将值赋给 value，也就是在 change 事件之后再进行信息同步。v-model 是边输入边做信息同步，会消耗性能，因此，可以使用.lazy 修饰符来处理这些烦恼的事情，从而有更多的精力专注于程序的逻辑处理，如例 11-8 所示。

例 11-8 使用.lazy 修饰符的实例：

```html
<div id="ids">
    <input type="text" v-model.lazy="value">
    <p>{{value}}</p>
</div>

<script>
    var vue2 = {
        data() {
            return {
                value: ""
            }
        }
    }
    Vue.createApp(vue2).mount('#ids')
</script>
```

运行结果如图 11-9 所示。

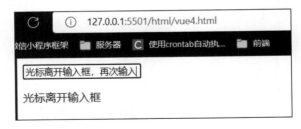

图 11-9 使用.lazy 修饰符

11.3.2 使用.number 修饰符的实例

使用.number 修饰符可以将输入的数据转换为 Number 类型，否则虽然输入的是数字，但它的类型其实是 String。

如果想自动地将输入值转为数值类型，可以给 v-model 添加 .number 修饰符。.number

修饰符通常很有用，因为即使在 type="number" 时，HTML 输入元素的值也总会返回字符串。如果这个值无法被 parseFloat() 解析，则会返回原始的值。

使用.number 修饰符的实例如例 11-9 所示。

例 11-9 使用.number 修饰符的实例：

```html
<div id="ids">
    <input type="text" v-model.number="value">
    <p>{{ typeof value }}</p>
    <p>{{value}}</p>
</div>

<script>
    var vue2 = {
        data() {
            return {
                value: ""
            }
        }
    }
    Vue.createApp(vue2).mount('#ids')
</script>
```

运行结果如图 11-10～图 11-12 所示。

图 11-10　使用.number 修饰符输入纯数字时的数据类型

图 11-11　使用.number 修饰符输入以字母开头的值时的数据类型

图 11-12　使用.number 修饰符输入中间有字母的值时的数据类型

11.3.3　使用.trim 修饰符的实例

有时需要自动过滤用户输入的首部空格字符，而中间的空格不过滤。操作者在复制用户名等时可能会在开头或者结尾复制上空格，使用.trim 修饰符将不需要在 JS 中再写方法来处理，可以直接过滤掉这些空格，从而有更多的精力专注于程序的逻辑处理。使用.trim 修饰符的实例如例 11-10 所示。

例 11-10 使用.trim 修饰符的实例：

```
<div id="ids">
    <input type="text" v-model.trim="value">
    <p>{{value}}</p>
</div>

<script>
    var vue2 = {
        data() {
            return {
                value: ""
            }
        }
    }
    Vue.createApp(vue2).mount('#ids')
</script>
```

运行结果如图 11-13 所示。

图 11-13　使用.trim 修饰符

11.4　综合实例

在学习有关表单的知识后，我们就可以写完整的网页了。本节的综合实例用到了表单的双向绑定、表单修饰符和按钮修饰符等知识。

例 11-11　登录界面：

```
<div id="box">
    <div>
        <div class="login-box">
            <h2>登录系统</h2>
            <form>
                <div class="user-box">
                    <input v-model="username" @keyup.enter="next('mobile')" type=
"text" name="" required="">
                    <label>邮箱号</label>
                </div>
                <div class="user-box">
                    <input type="password" name="" required="" ref="mobile"
v-model.lazy="password" @keyup.enter.native="handleSubmit">
                    <label>密码</label>
                </div>
                <div class="btn">
                    <a @click="handleSubmit">
                        <span></span>
                        <span></span>
                        <span></span>
                        <span></span> 登录
                    </a>
                    <a @click="signUp_asd">注册 </a>
                </div>
            </form>
        </div>
    </div>
</div>

<script>
    var vue = {
        data() {
            return {
                username: '',
                password: ''
            }
        },
```

```
        methods: {
            handleSubmit() {
                if (this.username == '' || this.password == '') {
                    window.alert("邮箱或密码不能为空")
                } else {
                    window.alert("登录成功")
                }
            },
            signUp_asd() {
                if (this.username == '' || this.password == '') {
                    window.alert("邮箱或密码不能为空")
                } else {
                    window.alert("注册成功")
                }
            },
            next(index) {
                this.$refs[index].focus()
            }
        },
    };

    Vue.createApp(vue).mount('#box')
</script>

<style>
    body {
background-image: url(https://t7.baidu.com/it/u=2851687453,2321283050&fm=193&f=GIF);
        background-repeat: no-repeat;
        background-size: 100%;
        background-position: 0px -50px;
    }

    .btn {
        width: 100%;
        display: flex;
        justify-content: space-around;
    }

    .login-box {
        position: absolute;
        top: 50%;
        left: 50%;
        width: 400px;
        padding: 40px;
        transform: translate(-50%, -50%);
        background: rgba(0, 0, 0, .5);
        box-sizing: border-box;
```

```
    box-shadow: 0 15px 25px rgba(0, 0, 0, .6);
    border-radius: 10px;
}

.login-box h2 {
    margin: 0 0 30px;
    padding: 0;
    color: #fff;
    text-align: center;
}

.login-box .user-box {
    position: relative;
}

.login-box .user-box input {
    width: 100%;
    padding: 10px 0;
    font-size: 16px;
    color: #fff;
    margin-bottom: 30px;
    border: none;
    border-bottom: 1px solid #fff;
    outline: none;
    background: transparent;
}

.login-box .user-box label {
    position: absolute;
    top: 0;
    left: 0;
    padding: 10px 0;
    font-size: 16px;
    color: #fff;
    pointer-events: none;
    transition: .5s;
}

.login-box .user-box input:focus~label,
.login-box .user-box input:valid~label {
    top: -20px;
    left: 0;
    color: #03e9f4;
    font-size: 12px;
}

.login-box form a {
```

```css
    position: relative;
    display: inline-block;
    padding: 10px 20px;
    color: #03e9f4;
    font-size: 16px;
    text-decoration: none;
    text-transform: uppercase;
    overflow: hidden;
    transition: .5s;
    margin-top: 40px;
    letter-spacing: 4px
}

.login-box a:hover {
    background: #03e9f4;
    color: #fff;
    border-radius: 5px;
    box-shadow: 0 0 5px #03e9f4, 0 0 25px #03e9f4, 0 0 50px #03e9f4, 0 0 100px #03e9f4;
}

.login-box a span {
    position: absolute;
    display: block;
}

.login-box a span:nth-child(1) {
    top: 0;
    left: -100%;
    width: 100%;
    height: 2px;
    background: linear-gradient(90deg, transparent, #03e9f4);
    animation: btn-anim1 1s linear infinite;
}

@keyframes btn-anim1 {
    0% {
        left: -100%;
    }
    50%,
    100% {
        left: 100%;
    }
}

.login-box a span:nth-child(2) {
    top: -100%;
    right: 0;
```

```
        width: 2px;
        height: 100%;
        background: linear-gradient(180deg, transparent, #03e9f4);
        animation: btn-anim2 1s linear infinite;
        animation-delay: .25s
    }

    @keyframes btn-anim2 {
        0% {
            top: -100%;
        }
        50%,
        100% {
            top: 100%;
        }
    }

    .login-box a span:nth-child(3) {
        bottom: 0;
        right: -100%;
        width: 100%;
        height: 2px;
        background: linear-gradient(270deg, transparent, #03e9f4);
        animation: btn-anim3 1s linear infinite;
        animation-delay: .5s
    }

    @keyframes btn-anim3 {
    0% {
            right: -100%;
        }
        50%,
        100% {
            right: 100%;
        }
    }

    .login-box a span:nth-child(4) {
        bottom: -100%;
        left: 0;
        width: 2px;
        height: 100%;
        background: linear-gradient(360deg, transparent, #03e9f4);
        animation: btn-anim4 1s linear infinite;
        animation-delay: .75s
    }
```

```
@keyframes btn-anim4 {
    0% {
        bottom: -100%;
    }
    50%,
    100% {
        bottom: 100%;
    }
}
</style>
```

运行结果如图 11-14 所示。

图 11-14 登录界面

11.5 小结

在本章中，我们对 Vue.js 表单有了比较详细的了解，足以应对日常使用。表单作为网页中很重要的一部分，在日常开发中基本上都会用到。本章从表单绑定的概念到表单输入绑定的基础用法，再到表单修饰符都做了介绍，将这些知识点融会贯通，应用到实际工作中，也就是学习的目的。

深入组件

　　组件(component)是对数据和方法的简单封装。Web 中的组件可以看成页面的一个组成部分，它是一个具有独立逻辑和功能的页面，同时又能根据规定的接口规则相互融合，最终组成一个完整的应用程序。页面就是由一个个类似导航、列表、弹窗、下拉菜单等这样的组件组成的。页面只不过是这些组件的容器，组件自由组合，形成功能完整的页面。

　　组件是 Vue.js 轻量级前端框架的核心。组件可以扩展 HTML 元素，封装可重用的代码。在较高层面，组件是自定义的元素，Vue.js 编译器可以为它添加特殊功能。在有些情况下，组件可以是原生 HTML 元素的形式，以 is 特性扩展。在 Vue.js 中，因为组件是可复用的 Vue.js 实例，所以它与 new Vue()接收相同的选项，例如 data、computed、watch、methods 及生命周期钩子函数等，还有像 el 这样的实例特有的选项。

12.1　什么是组件注册

在 Vue 框架中，组件注册包括全局注册和局部注册。组件注册的本质，即自定义标签，其实是个小一点的 Vue 实例，必须在 Vue 实例化前声明；创建或注册一个全局组件后，任何一个 Vue 实例都可以调用。

12.2　全局注册的实现

我们可以使用 Vue 应用实例的 App.component() 方法，让组件在当前 Vue 应用中全局可用：

```
import MyComponent from './App.vue'
App.component('MyComponent', MyComponent)
```

例 12-1 全局注册的实例：

```
Main.js
import { createApp } from 'vue'
import App from './App.vue'

createApp(App).mount('#app')

import MyComponent from './App.vue'
App.component('MyComponent', MyComponent)
```

```
App.js
<template>
  <ComponentA></ComponentA>
</template>

<script>

export default {
    name: "App",
    components: { }
}
</script>

<style>
</style>
```

```
ComponentA.vue
<template>
  <ul>
      <li :key="item" v-for="item in msg">
          {{item}}
      </li>
  </ul>
</template>

<script>
export default {
  name: 'ComponentA',
  data(){
      return{
          msg:[
              "我是全局注册的组件1",
              "我是全局注册的组件1",
              "我是全局注册的组件1",
              "重要的事情说三遍！！！",
          ]
      }
  }
}
</script>
```

运行结果如图 12-1 所示。

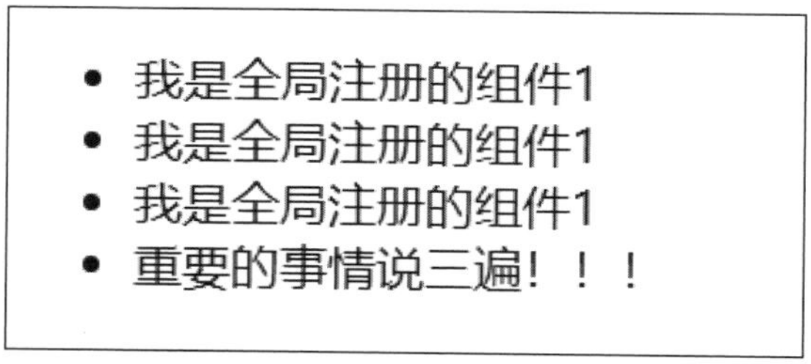

- 我是全局注册的组件1
- 我是全局注册的组件1
- 我是全局注册的组件1
- 重要的事情说三遍！！！

图 12-1　全局注册的实例

当然，App.component() 方法可以被链式调用，例如：

```
App
 .component('ComponentA', ComponentA)
 .component('ComponentB', ComponentB)
 .component('ComponentC', ComponentC)
```

全局注册的组件可以在该应用的任意组件的模板中使用：

```
<!-- 在当前应用的任意组件中都可用 -->
<ComponentA/>
<ComponentB/>
<ComponentC/>
```

所有的子组件也可以使用全局注册的组件，这意味着这三个组件也都可以在彼此的内部使用。

例 12-2 链式调用 App.component() 方法：

Main.js
```
import { createApp } from 'vue'
import App from './App.vue'

createApp(App).mount('#app')

import ComponentA from './components/ComponentA.vue'
import ComponentB from './components/ComponentB.vue'
import ComponentC from './components/ComponentC.vue';
App.component('ComponentA', ComponentA)
    .component('ComponentB', ComponentB)
    .component('ComponentC', ComponentC)
```

App.js
```
import { createApp } from 'vue'
import App from './App.vue'

createApp(App).mount('#app')

import ComponentA from './components/ComponentA.vue'
import ComponentB from './components/ComponentB.vue'
import ComponentC from './components/ComponentC.vue';
App.component('ComponentA', ComponentA)
    .component('ComponentB', ComponentB)
    .component('ComponentC', ComponentC)
```

ComponentA.vue
```
<template>
  <ul>
      <li :key="item" v-for="item in msg">
          {{item}}
      </li>
  </ul>
</template>

<script>
export default {
```

```
        name: 'ComponentA',
        data(){
            return{
                msg:[
                    "我是全局注册的组件 1",
                    "我是全局注册的组件 1",
                    "我是全局注册的组件 1",
                    "重要的事情说三遍！！！",
                ]
            }
        }
    }
}
</script>
```

ComponentB.vue

```
<template>
  <ul>
     <li :key="item" v-for="item in msg">
         {{item}}
     </li>
  </ul>
</template>

<script>
export default {
  name: 'ComponentA',
  data(){
      return{
          msg:[
              "我是全局注册的组件 2",
              "我是全局注册的组件 2",
              "我是全局注册的组件 2",
              "重要的事情说三遍！！！",
          ]
      }
  }
}
</script>
```

ComponentC.vue

```
<template>
  <ul>
     <li :key="item" v-for="item in msg">
         {{item}}
     </li>
  </ul>
```

```
</template>

<script>
export default {
  name: 'ComponentA',
  data(){
     return{
        msg:[
            "我是全局注册的组件 3",
            "我是全局注册的组件 3",
            "我是全局注册的组件 3",
            "重要的事情说三遍！！！",
        ]
     }
  }
}
</script>
```

运行结果如图 12-2 所示。

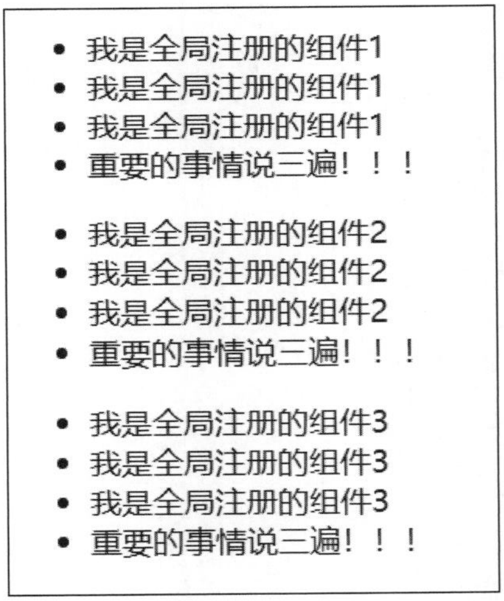

- 我是全局注册的组件1
- 我是全局注册的组件1
- 我是全局注册的组件1
- 重要的事情说三遍！！！

- 我是全局注册的组件2
- 我是全局注册的组件2
- 我是全局注册的组件2
- 重要的事情说三遍！！！

- 我是全局注册的组件3
- 我是全局注册的组件3
- 我是全局注册的组件3
- 重要的事情说三遍！！！

图 12-2　链式调用 App.component()方法

12.3　局部注册的实现

全局注册虽然很方便，但有以下几个问题。

(1) 全局注册而没有使用的组件无法在生产打包时自动移除(即 tree-shaking)。如果全局注册一个组件，即使它并没有实际使用，也仍然会出现在打包后的 JS 文件中。

（2）在大型项目中全局注册使项目的依赖关系变得不明确。在父组件中使用子组件时，不太容易定位子组件的实现。和使用过多的全局变量一样，这可能会影响应用程序长期的可维护性。

相比之下，局部注册的组件需要在使用它的父组件中显式导入，并且只能在该父组件中使用。它的优点是使组件之间的依赖关系非常明确，并且对 tree-shaking 更加友好。

局部注册需要使用 components 选项：

```
<script>
import ComponentA from './ComponentA.vue'

export default {
  components: {
    ComponentA
  }
}
</script>

<template>
  <ComponentA />
</template>
```

对于每个 components 对象里的属性，它们的 key 名就是注册的组件名，而值就是相应组件的实现。上面的例子中使用的是 ES2015 的缩写语法，等价于：

```
export default {
  components: {
    ComponentA: ComponentA
  }
  // ...
}
```

注意：局部注册的组件在后代组件中并不可用。在这个例子中，ComponentA 注册后仅在当前组件可用，而在任何子组件或更深层的子组件中都不可用。

例 12-3 局部注册实例：

```
App.vue
<template>
  <ComponentA/>
  <ComponentB/>
  <ComponentC/>
</template>
```

```
<script>
import ComponentA from './components/ComponentA.vue';
import ComponentC from './components/ComponentC.vue';
import ComponentB from './components/ComponentB.vue';

export default {
    name: "App",
    components: { ComponentA, ComponentC, ComponentB }
}
</script>

<style>
</style>
```

ComponentA.vue

```
<template>
  <ul>
     <li :key="item" v-for="item in msg">
         {{item}}
     </li>
  </ul>
</template>

<script>
export default {
  name: 'ComponentA',
  data(){
      return{
          msg:[
              "我是局部注册的组件1",
              "我是局部注册的组件1",
              "我是局部注册的组件1",
              "重要的事情说三遍！！！",
          ]
      }
  }
}
</script>
```

ComponentB.vue

```
<template>
  <ul>
     <li :key="item" v-for="item in msg">
         {{item}}
     </li>
  </ul>
```

```
</template>

<script>
export default {
  name: 'ComponentA',
  data(){
      return{
          msg:[
              "我是局部注册的组件 2",
              "我是局部注册的组件 2",
              "我是局部注册的组件 2",
              "重要的事情说三遍！！！",
          ]
      }
  }
}
</script>
```

ComponentC.vue
```
<template>
  <ul>
      <li :key="item" v-for="item in msg">
          {{item}}
      </li>
  </ul>
</template>

<script>
export default {
  name: 'ComponentA',
  data(){
      return{
          msg:[
              "我是局部注册的组件 3",
              "我是局部注册的组件 3",
              "我是局部注册的组件 3",
              "重要的事情说三遍！！！",
          ]
      }
  }
}
</script>
```

运行结果如图 12-3 所示。

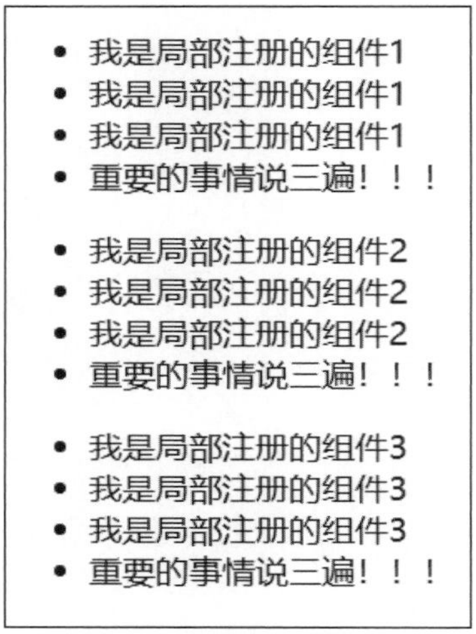

- 我是局部注册的组件1
- 我是局部注册的组件1
- 我是局部注册的组件1
- 重要的事情说三遍！！！

- 我是局部注册的组件2
- 我是局部注册的组件2
- 我是局部注册的组件2
- 重要的事情说三遍！！！

- 我是局部注册的组件3
- 我是局部注册的组件3
- 我是局部注册的组件3
- 重要的事情说三遍！！！

图 12-3　局部注册

12.4　深入介绍 props(输入属性)

12.4.1　props 声明

组件需要显式地声明它所接收的 props，这样 Vue 才能知道外部传入的数据哪些是props，哪些是透传 attribute。props 需要使用 props 选项来定义：

```
export default {
  props: ['foo'],
  created() {
    // props 会暴露到 this 上
    console.log(this.foo)
  }
}
```

除了使用字符串数组声明 props 外，还可以使用对象的形式：

```
export default {
  props: {
    title: String,
    likes: Number
  }
}
```

对于以对象形式声明的每个属性，key 是 props 的名称，而值则是该 props 预期类型的构造函数。比如，如果要求 props 的值是 number 类型，则可使用 Number 构造函数作为其声明的值。

对象形式的 props 声明不仅可以一定程度上作为组件的文档，而且如果其他开发者在使用组件时传递了错误的类型，也会在浏览器控制台抛出警告。

12.4.2　props 名字格式

如果 props 的名字很长，应使用 camelCase 形式，因为它们是合法的 JavaScript 标识符，可以直接在模板的表达式中使用，这样能避免在作为属性关键名称时必须加上引号：

```
export default {
  props: {
    greetingMessage: String
  }
}
<span>{{ greetingMessage }}</span>
```

虽然理论上也可以在向子组件传递 props 时使用 camelCase 形式（使用 DOM 模板时例外），但实际上为了和 HTML 属性一致，我们通常会将其写为 kebab-case 形式：

```
<MyComponent greeting-message="hello" />
```

对于组件名，我们推荐使用 PascalCase 形式，因为这样不仅提高了模板的可读性，而且能区分 Vue 组件和原生 HTML 元素。然而对于传递 props 来说，使用 camelCase 形式并没有太多优势，因此，我们推荐更贴近 HTML 的书写风格。

静态 vs. 动态 Prop#

至此，已经见过很多下面这样的静态值形式的 props：

```
<BlogPost title="My journey with Vue" />
```

相应地，还有使用 v-bind 或-bind 缩写来进行动态绑定的 props：

```
<!-- 根据一个变量的值动态传入 -->
<BlogPost :title="post.title" />

<!-- 根据一个更复杂表达式的值动态传入 -->
<BlogPost :title="post.title + ' by ' + post.author.name" />
```

12.4.3　传递不同的值类型

在上面的两个例子中，我们只传入了字符串值，但实际上任何类型的值都可以作为 props 的值被传递。

(1) Number：

```
<!-- 虽然 42 是个常量，我们还是需要使用 v-bind -->
<!-- 因为这是一个 JavaScript 表达式而不是一个字符串 -->
<BlogPost :likes="42" />

<!-- 根据一个变量的值动态传入 -->
<BlogPost :likes="post.likes" />
```

(2) Boolean：

```
<!-- 仅写上 props 但不传值，会隐式转换为 true -->
<BlogPost is-published />

<!-- 虽然 false 是静态的值，我们还是需要使用 v-bind -->
<!-- 因为这是 JavaScript 表达式而不是一个字符串 -->
<BlogPost :is-published="false" />

<!-- 根据一个变量的值动态传入 -->
<BlogPost :is-published="post.isPublished" />
```

(3) Array：

```
<!-- 虽然这个数组是个常量，我们还是需要使用 v-bind -->
<!-- 因为这是一个 JavaScript 表达式而不是一个字符串 -->
<BlogPost :comment-ids="[234, 266, 273]" />

<!-- 根据一个变量的值动态传入 -->
<BlogPost :comment-ids="post.commentIds" />
```

(4) Object：

```
<!-- 虽然这个对象字面量是个常量，我们还是需要使用 v-bind -->
<!-- 因为这是一个 JavaScript 表达式而不是一个字符串 -->
<BlogPost
  :author="{
    name: 'Veronica',
    company: 'Veridian Dynamics'
  }"
/>
```

```
<!-- 根据一个变量的值动态传入 -->
<BlogPost :author="post.author" />
```

（5）使用一个对象绑定多个 props。

要想将一个对象的所有属性都当作 props 传入，可以使用没有参数的 v-bind，即只使用 v-bind，而非 :prop-name。例如，这里有一个 post 对象：

```
export default {
  data() {
    return {
      post: {
        id: 1,
        title: 'My Journey with Vue'
      }
    }
  }
}
```

以及下面的模板：

```
<BlogPost v-bind="post" />
```

而这实际上等价于：

```
<BlogPost :id="post.id" :title="post.title" />
```

（6）单向数据流。

所有的 props 都遵循单向绑定原则，props 因父组件的更新而变化，自然地将新的状态向下流往子组件，而不会逆向传递。这避免了子组件意外修改父组件的状态的情况，不然应用的数据流将很容易变得混乱而难以理解。

另外，每次父组件更新后，所有的子组件中的 props 都会被更新到最新值，这意味着不应该在子组件中更改 props。如果这么做，Vue 会在控制台抛出警告：

```
export default {
  props: ['foo'],
  created() {
    // 警告! props 是只读的!
    this.foo = 'bar'
  }
}
```

导致想要更改 props 的需求通常来源于以下两种场景。

① props 用于传入初始值，而子组件想在之后将其作为一个局部数据属性。在这种情况下，最好新定义一个局部数据属性，从 props 上获取初始值：

```
export default {
  props: ['initialCounter'],
  data() {
    return {
      // 计数器只是将 this.initialCounter 作为初始值
      // 像下面这样做就使 Prop 和后续更新无关了
      counter: this.initialCounter
    }
  }
}
```

② 需要对传入的 props 值进行转换。在这种情况中，最好是基于 props 值定义一个计算属性：

```
export default {
  props: ['size'],
  computed: {
    // props 变更时计算属性也会自动更新
    normalizedSize() {
      return this.size.trim().toLowerCase()
    }
  }
}
```

(7) 更改对象/数组类型的 props。

当对象或数组作为 props 被传入时，虽然子组件无法更改 props 绑定，但仍然可以更改对象或数组内部的值，这是因为 JavaScript 的对象和数组是按引用传递。而对 Vue 来说，禁止这样的改动虽然可能，但有很大的性能损耗，比较得不偿失。

这种更改的主要缺陷是允许子组件以某种不明显的方式影响父组件的状态，可能会使数据流在将来变得更难以理解。在最佳实践中，应该尽可能避免这样的更改，除非父子组件在设计上本来就需要紧密耦合。在大多数场景下，子组件应该抛出一个事件来通知父组件做出改变。

12.4.4 props 校验

Vue 组件可以更细致地声明对传入的 props 的校验要求。比如我们上面已经看到过的类型声明，如果传入的值不满足类型要求，Vue 会在浏览器控制台抛出警告来提醒使用者。这在开发给其他开发者使用的组件时非常有用。

要声明对 props 的校验，可以向 props 选项提供一个带有 props 校验选项的对象，例如：

```
export default {
  props: {
    // 基础类型检查
    // 给出 null 和 undefined 值则会跳过任何类型检查
    propA: Number,
    // 多种可能的类型
    propB: [String, Number],
    // 必传，且为 String 类型
    propC: {
      type: String,
      required: true
    },
    // Number 类型的默认值
    propD: {
      type: Number,
      default: 100
    },
    // 对象类型的默认值
    propE: {
      type: Object,
      // 对象或者数组应当用工厂函数返回
      // 工厂函数会收到组件所接收的原始 props
      // 作为参数
      default(rawProps) {
        return { message: 'hello' }
      }
    },
    // 自定义类型校验函数
    propF: {
      validator(value) {
        // The value must match one of these strings
        return ['success', 'warning', 'danger'].includes(value)
      }
    },
    // 函数类型的默认值
    propG: {
      type: Function,
      default() {
        return 'Default function'
      }
    }
  }
}
```

下面是一些补充细节。

(1) 所有 props 默认都是可选的，除非声明了 required: true。

(2) 除 Boolean 外的未传递的可选 props 将会有一个默认值 undefined。

(3) Boolean 类型的未传递 props 将被转换为 false。我们应该为它设置一个 default 值，来确保行为符合预期。

(4) 如果声明了 default 值，那么在 props 的值被解析为 undefined 时，无论 props 是未被传递还是显式指明的 undefined，都会改为 default 值。

(5) 当 props 的校验失败后，Vue 会抛出一个控制台警告(在开发模式下)。

> **注意**：props 的校验是在创建组件实例之前，所以实例的属性(比如 data、computed 等)将在 default 或 validator 函数中不可用。

12.4.5 运行时类型检查

校验选项中的 type 可以是下列原生构造函数：String、Number、Boolean、Array、Object、Date、Function、symbol。

另外，type 也可以是自定义的类或构造函数，Vue 将会通过 instanceof 来检查类型是否匹配。例如下面这个类：

```
class Person {
  constructor(firstName, lastName) {
    this.firstName = firstName
    this.lastName = lastName
  }
}
```

可以将其作为 props 的类型：

```
export default {
  props: {
    author: Person
  }
}
```

Vue 会通过 instanceof Person 来校验 author Props 的值是不是 Person 类的一个实例：

Boolean 类型转换#

为了更贴近原生 boolean attributes 的行为，声明为 Boolean 类型的 props 有特殊的类型转换规则。以带有如下声明的 <MyComponent> 组件为例：

```
export default {
  props: {
    disabled: Boolean
```

```
  }
}
```

该组件可以被这样使用：

```
<!-- 等同于传入 :disabled="true" -->
<MyComponent disabled />

<!-- 等同于传入 :disabled="false" -->
<MyComponent />
```

当 prop 被声明为允许多种类型时，例如：

```
export default {
  props: {
    disabled: [Boolean, Number]
  }
}
```

无论声明类型的顺序如何，Boolean 类型的特殊转换规则都会被应用。

12.5　综合实例

在深入了解组件后，就可以自己制作组件了。本节通过制作一个自适应的导航栏组件
实例，来更深刻地了解组件。

（1）App.vue：

```
<template>
  <div style="height: 400vh;margin-top: 40px;width: 80%;margin: 0
auto;background-color: #fff;">
    <NavigationTop style="--logo-height:50px;--logo-width:150px;"
:navbarSuppotedContent= "navbarSuppotedContent">
    </NavigationTop>
  </div>
</template>

<script lang="ts">
import { Options, Vue } from 'vue-class-component';
import NavigationTop from "./components/NavigationTop.vue";

@Options({
  components: {
    NavigationTop
  },
})
```

```
export default class App extends Vue {
  navbarSuppotedContent:Object = {
    logo:"../public/logo.png",
    navbar:
    [{
      name:"主页",
      go:"head",
      href:"javascript:;"
    },{
      name:"百度",
      go:"",
      href:"https://www.baidu.com"
    }]
  }
}
</script>
```

(2) NavigationTop：

```
<template>
  <div class="navigation" :style="{'backgroundColor':backgroundColorMain}">
  <div class="nav">
    <div class="container">
      <div class="row">
        <nav class="navbar">
          <a class="navabr-logo" href="javascript:;">
            <img :src="suppotedContent.logo" alt="">
          </a>
          <div class="navbar-toggler collapsed">
            <div @click="toggler">
              <block>
                <span class="toggler-icon"></span>
                <span class="toggler-icon"></span>
                <span class="toggler-icon"></span>
              </block>
            </div>
          </div>
          <div class="navbarSuppotedContent">
            <ul class="navbar-nav">
            <li :key="item" class="navbar-item" v-for="item in
suppotedContent.navbar">
              <a @click="go(item.go)" :href="item.href">{{item.name}}</a>
            </li>
            </ul>
          </div>
        </nav>
      </div>
    </div>
```

```
    </div>
    </div>
    <div style="height:100vh"></div>
    <div id="head">1</div>
</template>

<script>
  export default {
    name:"NavigationTop",
    props:{
      navbarSuppotedContent:{
        type:Object,
        default() {
        return { navbar: [{name:"主页",go:"#head"}],logo:""}
        }
      },
      navColor:{
        type:String,
        default:'transparent'
      }
    },
    data(){
      return{
        suppotedContent:this.navbarSuppotedContent,
        backgroundColorMain:this.navColor
      }
    },
    methods:{
      toggler(){
        let collapsed = document.getElementsByClassName('navbar-toggler')[0];
        let show = document.getElementsByClassName('navbarSuppotedContent')[0];
        if(collapsed.getAttribute('class')?.indexOf('active') > -1){
          collapsed.classList.remove("active");
          show.style.setProperty('--show-height', "0px")
        }else{
          collapsed.classList.add("active");
          let height = this.suppotedContent.navbar.length * 25.6 + 20;
          show.style.setProperty('--show-height', height+"px")
        }
      },
      go(link){
        if(link){
          document.getElementById(link).scrollIntoView(
            {
              behavior: "smooth",
              block: "start"
            }
```

```
      )
    }
    let collapsed = document.getElementsByClassName('navbar-toggler')[0];
    if(collapsed.getAttribute('class')?.indexOf('active') > -1){
      let show = document.getElementsByClassName('navbarSuppotedContent')[0];
      collapsed.classList.remove("active");
      show.style.setProperty('--show-height', "0px")
    }
  }

  }
 }
</script>

<style>
  @import "../assets/css/navbar.css";
  @import "../assets/css/navbar-iPhone.css";
</style>
```

(3) navbar-iPhone.css：

```
:root{
    --font-color:#8a8fa3;
    --font-hover-color:#4f8bae;
}
@media screen and (max-width: 998px){
    .nav{
        width: 100%;
    }
    .row{
        position: relative;
    }
    .navbar-toggler{
        height: var(--logo-height, 50px);
        width: 40px;
        display: block;
        box-sizing: inherit;
        background-color: transparent;
    }
    .navbar-toggler div{
        display: flex;
        justify-content: center;
        flex-direction: column;
        box-sizing: inherit;
        height: var(--logo-height, 50px);
    }
    .toggler-icon{
        display: block;
```

```
        height: 2px;
        margin: 6px;
        position: relative;
        box-sizing: inherit;
        background-color: black;
}
.navbar .navbar-toggler .toggler-icon {
        width: 30px;
        height: 2px;
        background-color: #32333c;
        margin: 5px 0;
        display: block;
        position: relative;
        -webkit-transition: all 0.3s ease-out 0s;
        -moz-transition: all 0.3s ease-out 0s;
        -ms-transition: all 0.3s ease-out 0s;
        -o-transition: all 0.3s ease-out 0s;
        transition: all 0.3s ease-out 0s; }
    .navbar .navbar-toggler.active .toggler-icon:nth-of-type(1) {
        -webkit-transform: rotate(45deg);
        -moz-transform: rotate(45deg);
        -ms-transform: rotate(45deg);
        -o-transform: rotate(45deg);
        transform: rotate(45deg);
        top: 7px; }
    .navbar .navbar-toggler.active .toggler-icon:nth-of-type(2) {
        opacity: 0; }
    .navbar .navbar-toggler.active .toggler-icon:nth-of-type(3) {
        -webkit-transform: rotate(135deg);
        -moz-transform: rotate(135deg);
        -ms-transform: rotate(135deg);
        -o-transform: rotate(135deg);
        transform: rotate(135deg);
        top: -7px; }
.navbarSuppotedContent{
        position: absolute;
        top: 110%;
        left: 0;
        width: 100%;
        height: var(--show-height ,0);
        /* background-color: #fff; */
        overflow: hidden;
        -webkit-transition: all 0.3s ease-out 0s;
        -moz-transition: all 0.3s ease-out 0s;
        -ms-transition: all 0.3s ease-out 0s;
        -o-transition: all 0.3s ease-out 0s;
        transition: all 0.3s ease-out 0s;
```

```
        /* box-shadow: 0px 10px 15px 0px rgb(134 134 134 / 15%); */
    }
    /* .navbarSuppotedContent:not(.show){
        height: 0;
    } */
    .navbar-nav{
        padding: 10px 0;
        margin: 0 auto;
        background-color: #fff;
        box-shadow: 0px 10px 15px 0px rgb(134 134 134 / 15%);
        width: 95%;
        display: flex;
        justify-content: center;
        flex-direction: column;
    }
    .navbar-item{
        margin-top: 5px;
        margin-left: 10px;
    }
    /* 取消样式 */
    .navbar-item a:hover::before{
        height: 0;
    }
}
```

(4) navbar.css:

```
:root{
    --font-color:#8a8fa3;
    --font-hover-color:#4f8bae;
}
html,body{
    margin: 0;
    padding: 0;
}
.nav{
    width: 100%;
    margin: 0px auto;
}
.container{
    width: 100%;
    height: 100%;
}
.row{
    width: 100%;
    box-sizing: border-box;
}
```

```css
.navbar{
    display: flex;
    justify-content:space-between;
    height: 100%;
}

.navabr-logo{
    display: block;
    width: var(--logo-width, 150px);
    height: var(--logo-height, 50px);
  }
  .navabr-logo img{
     width: 100%;
     height: 100%;
  }
.navbar-toggler{
    display: none;
}
.navbarSuppotedContent{
    display: flex;
    justify-content: center;
    flex-direction: column;
    height: var(--logo-height, 50px);
}
.navbarSuppotedContent ul{
    padding: 0;
}
.navbar-nav{
    display: flex;
    justify-content: space-between;
    margin: 0;
}
.navbar-item{
    list-style-type: none;
    margin-left: 30px;
}
.navbar-item a{
    display: block;
    width: 100%;
    height: 100%;
    text-decoration: none;
    color: var(--font-color);
}
.navbar-item a{
    position: relative;
}
.navbar-item:first-child a{
```

```
    color: var(--font-hover-color);
    font-weight: 500;
}
.navbar-item a::before{
    content: '';
    position: absolute;
    top: -35px;
    height: 0px;
    left: 50%;
    width: 3px;
    background-color: var(--font-hover-color);
    transition: .5s;
}
.navbar-item a:hover{
    color: var(--font-hover-color);
}
.navbar-item a:hover::before{
    height: 32px;
}
```

运行结果如图 12-4 和图 12-5 所示。

图 12-4　浏览器宽度小于等于 998px 时的样式

图 12-5　浏览器宽度大于 998px 时的样式

12.6　小结

　　本章详细介绍了 Vue.js 组件，组件作为 Vue.js 中很重要的一部分，内容较多，在日常开发中基本上都会用到。本章从组件的注册，到 props(输入属性)都做了介绍，将这些知识点应用到实例开发中，这也就是学习的目的。